大学物理教学研究

DAXUE WULI JIAOXUE YANJIU

许佳玲 / 著

U0323730

湘潭大学出版社
XIANGTAN UNIVERSITY PRESS

前　言

　　物理学是研究物质最普遍的运动规律和物质基本结构的学科,具有悠久的研究历史、深厚的学术积淀与无穷的魅力。物理学是自然科学中的基础学科,是理工科专业重要的基础课程,物理课程中所学的知识大多具有普遍性而且在诸多领域应用广泛,物理学不仅包含了丰富且深奥的知识,同时也与其他专业有着千丝万缕的联系,它的基本理论渗透在自然科学的各个领域,应用于生产技术的各个方面,是其他自然科学和工程技术的基础,可以说每一个理工科方向的大学生都需要学习并具备一定的物理学知识。物理学科的学习,对学生科学精神的塑造、科学素质的培养和科研能力的锻炼发挥着巨大作用,同时也能为理科其他细分专业的学习奠定基础。

　　现今的物理学知识体系与教育系统是无数前人积极探索、勇于创新、努力建设的成果;而将来的物理学以及物理学相关学科的发展则需要更多人才付出努力。提高大学物理教育的教学质量,对于我国高等教育体系的发展与完善具有极其重要的意义,有助于高校培养更多理科高素质人才,促进相关学科的发展,建立良好教育与优秀人才相辅相成的良性循环,进而促进整个科技领域的发展与进步。研究大学物理教学,不仅要学习已有的教育知识与教学技巧,同时也要研究大学物理教育教学的创新与发展,敢于探索和尝试,这对于把握大学物理教学的规律,改进大学物理教学方法,推动物理教育改革,提高物理教学水平,都具有重要的现实意义和指导作用。

目　录

第一章　大学物理教学的概述

第一节　大学物理课程的地位

一、大学物理课程性质

(一)课程的性质

大学物理课程是大学理工科(非物理专业)学生的必修科目,其目的是培养和提高学生的科学素养与科学思维能力。学习者通过本课程的学习可以了解经典物理(力学、电磁学、热学、光学)和近代物理的基本概念、规律和方法,并为后续课程的学习、今后的工作打下基础。物理学是研究物质的基本结构、运动形式、相互作用的自然科学,其基本理论已经渗透到了其他自然科学的各大领域。通过大学物理的学习,学生不仅可以增强自主学习的能力、科学观察的能力、抽象思维的能力、科学分析与解决问题的能力,还可以进一步增强求真务实精神、培养创新意识和科学美感的认识能力。

(二)课程的特点

大学物理课程具有如下几个特点:①物理是一门严谨的科学,基本概念、基本原理和基本技能等基本功的训练,是物理课程的核心;②大学物理是以实验为基础的,强调理论与实践相联系,强调实践是检验真理的唯一标准;③注重对新问题的探索和批判精神的培养;④大学物理具有学科交叉性,它不仅与数学有紧密的联系,并且与技术科学有着很强的相关性。

二、物理学在自然科学中的基础地位

在自然科学中,物理学是最古老的,也是发展最快的科学。物理学研究的是物质运动最基本最普遍的形式,物理学所研究的运动普遍存在于其他高级的、复杂的物质运动形式之中,其他自然科学(天文、地理、化学、生命科学等)研究的运动形式中都包含物理过程和现象,物理学规律也因此而具有极大的普遍性,任何理论都不能与物理学定律相抵触;同时物理学能提供最多、最基本的科学研究手段。可以认为,物理学是除了数学之外一切自然科学的基础,也是当代工程技术的重大支柱。

在科学技术发展的历史进程中,毫无疑问,从牛顿的经典力学开始,物理学在自然科学中一直处于主导地位。从 20 世纪后半叶开始,在狭义相对论、量子力学、统计物理和许多重要物理实验的基础上,物理学的许多分支学科,如原子、分子物理、原子核物理、固体物理、等离子体物理等都得到极大的发展。与此同时,物理学与其他学科相互渗透,产生了一系列交叉学科和边缘学科,如化学物理、生物物理、海洋物理、地球物理等等,物理学的新概念、理论和实验方法促成其他学科的发展并成为组成部分。

另外,从 20 世纪后半叶开始,快速发展的高新技术在很大程度上依赖以物理学为主的各自然学科的发展。高新技术包含的科学知识高度密集,综合性极高,如红外技术、激光技术、信息技术、航天技术、生物技术等,都无一例外地与物理学等学科的基本概念、基本理论和实验方法密切相关。可以看出,现代物理学已经成为基础学科中发展最快、影响最深的一门学科,在 21 世纪,物理学在科学技术的发展中也必将处于主导地位,它的作用将更加突出。

三、大学物理在高等教育中的地位以及作用

(一)大学物理课程的基础地位

学校教育中,教学工作的基本单元是课程,而学校的培养目标则决定了课程的设置。通常情况下,教育层次的不同,决定了教育的培养目标必然会有所不同,因而就会存在不同的课程设置。现阶段高等理工科教育的培养目标为传授给大学生应有的专业知识与技能,以及必要的自然科学知识,使受教育者成为具备高素质的人才,能够在未来为国家、为社会创造无限财富。而物理学作为一门重要的自然科学,研究的是物质最基本、最普遍的运动形式和规律,研究的是物质最基本的结构。它的理论广度和深度,在各学科中名列前茅;它的基本概念和方法,为整个自然科学提供了规范、模板甚至工作语言;以物理学基础知识为内容的大学物理课程所包含的经典物理、近代物理和现代物理学在科学技术上应用的基础知识是一个高级工程技术人员必须具备的。因而,物理学规律以及理论具有较大的普遍性,在21世纪物理学仍将是一门充满活动的科学。所以,从物理学本身的特点来说,大学物理课程是我国大学理工科教育的重要基础课程,在课程设置中,也必然会处于必修基础的地位。

(二)大学物理在理工科高等教育中的作用

物理学从它的早期开始,就以丰富的方法论、世界观等物理思想影响着人们的方法和思想,物理学发展的过程,也是人类思维发展的过程,因此对大学生进行物理教育,能够培养他们正确的世界观以及思维能力。[①]同时,物理学中包含的各种研究方法,如理想模型方法、半定量以及定性分析、对称性分析、精密的实验与严谨的理论相结合的方法等等,对于工程科学家和工程技术人才来说是必不可少的。除此之外,物理学从一开始就具有彻底的唯物主义色彩,"实验室检验真理的唯一标准"一直都是物理学家坚持的原则,显然这是"至真的";物理学一直都致力于帮助人认识自己,促使人的生活不断高尚,这是"至善的";最后,物理学中始终体现

---

①高兰香. 大学物理有效教学的理论与实践研究[D]. 上海:华东师范大学,2011.

着"和谐的美""风格的美""结构的美""对称的美"等"至美"的光辉。因此,大学物理学科对于大学生各方面素质的培养是其他任何学科都无可替代的。可以看出,物理学已经成为理工科高等教育基础学科中影响较深的一门学科。它不仅仅是一门为后续专业课准备的基础课,更重要的是它具有培养大学生基本科学素养以及各方面能力的功能。

第二节 大学物理教学的原则

一、因材施教原则

在物理教学中,必须"尊重差异,因材施教"。这对培养适应时代需要的创新型人才,具有非常重要的现实意义。课堂教学要面向全体学生,既不能以全班学力最低的学生为准,人为地降低教学要求、放慢教学进度;也不能以"学科尖子生"为准,随意拓展、拔高,加快教学进度。不用同一标准要求全体学生,贯彻因材施教原则,做到既能关注全体、又能兼顾个体,才是对课堂教学"面向全体学生"的最好诠释。

实施因材施教原则,物理教师应当做到:

一要留意观察、分析学生学习的特点。因材施教的本质和关键,在于教师在教学过程中,要了解、摸清每个学生的个性、需求、优势、弱势及其已有的知识基础等,然后从学生的实际出发,采取不同的措施,有的放矢地进行教育教学。[1]

二要对学习困难的学生,具体分析、重点关注。导致学习困难的原因多种多样,有的学生是因为思维水平较低,有的学生受到学习风格的限制,有的学生可能是学习动机出现了问题。在实际情景中,动机因素和能力、风格的因素是交杂在一起、相互作用的,因此,必须从动机的激发维持

---

[1]高兰香,许丹华.以学生为中心的大学物理教学探索与实践[J].大学物理,2022(1):43-49,60.

和学习方法的指导等多方面入手,采取不同的措施使学生在自尊自信的状态下学习,对于能力水平亟需提升的学生尤为重要。如果教育不得法,会伤及学生的自尊心,则无异于雪上加霜,抽去了他们发展的动力之源。

三要充分了解学生的学习风格,有针对性地提供与之相匹配的教学方式。教师的教学风格与学生的学习风格相匹配时,有利于提高学习成绩。有的学生适合多听,有的学生适合多练,有的学生适合多思、自我体会,有的学生适合借鉴现成的学习方法,教师都要随时注意学生的学习情况,根据学生学习状况的反馈及时进行调节。

四要在了解学生学习风格的基础上,引导学生认识自己的教学风格,促进学生学习风格向学习策略的转化。学习风格是个体所拥有的比较稳定且往往是无意识之中偏爱的学习方式,而学习策略则是灵活的、有计划的、根据具体的学习任务的性质而随机应变的。只有在教师有意识地点拨培养下,学生才有可能充分了解自己,在具有了学习策略的意识后,而且能认识到自己的习惯性学习方式及其利弊时,就会主动地进行调节。

因材施教不是(也不可能)减少学生的差异。实际上在有效的因材施教策略影响下,学生学习水平的发展差异可能会更大。在较适宜的学习条件下,不同层次的学生都会开发各自的潜能。教师对于不同水平的学生应设计不同的发展蓝图,这样才能取得更理想的教育效果。

二、循序渐进原则

循序渐进原则是指教学要按照学科的逻辑系统和学生认识发展的顺序进行,使学生系统地掌握基础知识、基本技能,形成严密的逻辑思维能力。

贯彻循序渐进性原则的基本要求,就是要按教科书的系统性进行教学;由浅入深、由易到难、由简到繁,螺旋式上升。由于学生的认知发展水平和教学内容的不同,必须把握好各个学段的目标,并结合学科的特点,使之系统化、层次化。

首先要明确学生的"最近发展区",能够使每一个学生在原有基础上得到最大限度的、充分而自由的发展。各课时教学目标之间是相互联系的,要把它们放在一个单元系统中考虑,利用学生已有的熟悉的知识逐步迁移到新的知识上来,实现高效的教学,避免走弯路。其次要掌握学生发展量变到质变的飞跃时机,在学生没有足够的知识积累的情况下,不进行过度的知识拔高拓展和抽象思维能力的提高训练。

三、主体性原则

学生是学习的主体,教学是为了帮助学生学会学习。"教师替代"行为是造成课堂低效或无效的主要原因。要提高课堂教学的效率,教师首先要坚持"凡是学生能够自己完成的事,教师绝不替代;凡是属于学生自主学习的时间,教师绝不占用"。其次是做到"师生互动、生生互动"。师生互动的关键是思维互动、全体互动、多渠道互动,教师要创设情境让学生"学会思考、学会质疑、学会回答"。再次是通过有效的小组合作方式、充分利用学生之间"学力差异"这个重要资源,为后进学生及时解决学习困难提供有力的保障。最后是当堂落实。课堂上要安排出适当时间进行当堂训练(口头与笔头),并培养学生"有疑问先问同学、练习完成了先让同学批改"的习惯。关键知识不仅要落实于学生的口头,还要落实于学生的笔头。

在物理课堂上,学生是学习的主人;学习是学生的事,教师不可越俎代庖。教师是学生学习的组织者、合作者、参与者,学习思路的引领者、指导者,学习方法的建议者。教师要面向全体——让每一个学生都有事做;学会倾听——让每一个学生都敢讲话;关注过程——让每一个学生都会思考;尊重差异——让每一个学生都能快乐。

四、趣味性原则

古人云:"知之者不如好之者,好之者不如乐之者。"兴趣对学习有着神奇的内驱动作用。学生的学习一旦表现为兴趣,学习活动对他来说就会是一种享受、一种愉悦。"兴趣是最好的老师。"学生的学习一旦扩展到情感领域,学习过程就不仅仅是知识的增长过程,同时也是身心、人格健全发展的过程。如果把物理知识比喻为一副骨架,兴趣就是血和肉,使物理教学栩栩如生而充满了灵魂和智慧。如果把物理知识比喻为一棵大树,兴趣就是花朵和果实,使物理教学更加流光溢彩。

在课堂教学中贯彻趣味性原则,可从下列几方面入手:

首先,通过情境的创设引起学生直接经验情境激发兴趣。教师在课堂教学中,采集大自然中的各种实例,设置引起学生思维的直接经验情境,组织学生在"实际情境"中进行学习,主动参与各项教学活动,把学生的注意力和兴奋点集中到感兴趣的教学内容上,进而提高课堂的学习效率。

其次,通过幽默的语言来调动学生上课的积极情绪激发兴趣。幽默是一种力量,能在不知不觉中打动人和感动人,就像阴雨季的阳光、冬天里的青草、沙漠里的甘泉一样,给人以惬意和舒适的感觉。幽默也是一种乐观的人生态度,反映出一个人个性的真实和应变的能力,体现一个人的机智和不妥协的态度。在物理教学中,教师若能把握好机会适当地幽默一下,肯定会取得不错的教学效果。

另外,通过生动的比喻使教学内容深入浅出来激发兴趣。在处理疑难知识点时,对抽象的、深奥的、生疏的事物,根据事物的相似点,用具体的、浅显的、熟知的事物来恰如其分地进行比喻,将表达的内容说得生动具体形象,给人以鲜明深刻的印象,使深奥的道理变得浅显易懂,使学生迅速从感性认识上升到理性认识。一个生动形象的比喻,如醍醐灌顶,开启学生的智慧之门;一个恰如其分的幽默,如饮一杯清新的甘泉,让人浅斟细酌,回味无穷;一个富有哲理的警句,给学生以启迪和警醒。生硬难理解的知识可能通过一个恰如其分的形象比喻而迎刃而解,又可能通过生活中的常见现象而记忆更加深刻。

从表面上看,开展兴趣教学可能会"浪费"一点时间,但其实"磨刀不误砍柴工"。在这样的课堂上,师生关系融洽,课堂气氛活跃;学生往往会不自觉地因"亲其师"而"信其道"。

五、简约性原则

古话常说"大道至简"。自然美的第一原则也是"简单的才是美丽的"。一节好课、一节高效的课、一节给人以美的享受的课,一定是一节简约的课。如果一节课需要教师讲的内容越是经过提炼,思路清晰,教师在课堂上需要说的话越少,这样的课就是简约的。应当注意的是"简约"不等于"简单",上课"随便讲几句",放任学生漫无目的地"自由学习"的课堂是低效的课堂,也是教师不负责任的表现,而不是简约课堂。

实现简约高效课堂有以下五个主要途径:

教学目标简约。教学目标明确具体,重点突出,每节课集中力量解决一至两个重点知识。

教学程序简约。教学程序简单明了,没有人为的复杂化,各教学环节之间衔接顺滑,过渡自然流畅。

指令清晰完整。每个时段学生对自己要完成的任务很明确,师生配合默契。

时间结构合理。教师的讲授时间、学生的课堂练习时间、同学交流互助时间、师生交流时间等,能够与教科书内容和学生实际情况相符合。

善于归纳总结。教师善于引导学生进行归纳总结,一节课留给学生的不仅是程序化、问题化、公式化、口诀化、技巧化的知识,更是科学的学习方法,使学生的学习情感得以升华。

六、直观性原则

在课堂教学中,注重"直观"可以降低学生学习和理解新知识的难度,也有利于学生抽象思维能力的培养。贯彻直观性教学原则有以下几种途径:

实物直观。实物直观是通过实物进行教学,直接将研究对象呈现在学生面前。在学习日常生活中比较生疏的内容时,实物直观,能真实有效地为学生提供理解、掌握新知识所必需的感性经验。另外,到实地参观也是实物直观的最好途径之一。

影像直观。影像直观是运用各种教学影像,包括图片(包括教科书插图与课堂板画)、图表、模型、幻灯、录音、录像、电影、电视、多媒体技术、网络技术等进行辅助教学。影像直观相对于实物直观更具有不受实际条件限制的特点,从而弥补实物直观的缺陷。

语言直观。语言直观是教师运用自己的语言、借助学生已有的知识经验进行生动的比喻、形象的描述,强化学生的感性认识,达到直观的教学效果。语言直观的运用效果主要取决于教师自身的素养。

七、启发性原则

孔子曾说:"学而不思则罔,思而不学则殆""不愤不启,不悱不发"。这都是说,只有把学习和思考结合起来,才能学以致用;如果不经过思考并有所感悟,想说却说不出来时,就不去开导他;如果不是经过冥思苦想而又想不通时,就不去启发他。孔子这些论述启发式教学的重要名言,对后世的教育教学影响深远,也是启发诱导的重要基础。

实施启发诱导,不能用个别学生的思维代替全体学生的思维,不能用教师的提问代替学生的提问,不能在多数学生尚未进行独立思考的状态下就给出答案,不能轻易用标准答案去扼杀不同的想法和意见,不能提出超过大多数学生能力的问题,不能超前提出过于复杂的问题。

第三节 大学物理教学的发展

物理学史是科学技术史的重要组成部分,主要研究人们对物理世界各种现象认识的发展史,探索物理学思想与方法变革的内在规律。科学史是人类文明进程中体现智慧的历史,其中物理学史更能充分地表现这个主题。物理教育史主要研究物理教育本身的矛盾运动,揭示其发展的规律,它属于教育史的范畴,但又和物理学有着千丝万缕的关系,可以视为教育史与物理学史发展过程中的一个新兴的交叉学科,无论对于物理学史、教育史还是对于物理教学改革都有着重要的研究意义。

一、物理教学思想的发展研究

物理学是自然科学中最基础的一门学科,同时物理学还作为一门应用学科,并且物理学在探究物理世界中的规律性与哲学家思考这个世界上普遍成立的规律在某种程度上是基本相似的,因此物理学的思想与方法使其看起来又具有哲学的特征。物理学对科学的发展、技术的进步曾经并一直具有很大的影响。因此,物理教育在高等教育体系中具有非常独特的地位,而我们对物理教育指导思想的研究也就具有十分重要的意义。

(一)教育方针的发展

教育方针,是指政府在特定的历史时期颁布的关于教育事业的方向和指针,包括对教育事业的指导思想与政策。教育方针随着历史阶段的不同而不断变化。教育方针不仅可以反映出相应历史时期的人们对于教育所拥有的价值观,还能够反映当时教育所处的社会背景与历史条件。因此教育方针是教育活动的行为指南,根据新时期以来我国教育方针价值取向的不同,大致可以分为三个阶段。

1.以服务经济建设为中心时期(1978—1989)

1978年12月18日十一届三中全会的召开,使中国进入了一个新的历史发展时期。全会做出了把全党的工作重点转移到社会主义现代化建设上来的战略决策。在其后的几年内,中共中央在有关提案和会议中,逐渐突出发展科学技术和教育事业的重要性,提出依靠科技进步和提高劳动者素质进行经济建设。如1987年十三大进一步提出"把发展科学技术和教育事业放到首要位置,使经济建设转到依靠科技进步和提高劳动者素质的轨道上来"。而中国的高等教育也是借此之机重新走上了正轨,迎来了改革发展的春天,物理教育出现了前所未有的大好形势。

在这十一年中,随着计划经济体制向社会主义市场经济体制的过渡,科学技术作为第一生产力在经济建设中起到的作用令人瞩目,使得教育在经济社会建设和社会发展中的重要地位和作用日益为人们所认识,各级政府对教育也愈加重视,更激发了我国物理教育工作者的工作热情。这个时期,我国的物理教育工作者广泛地学习国际先进的教育理论和教学经验,深入研究物理教育思想教学、教学方法以及考试内容。物理教育质量显著提高,师资队伍迅速发展,物理教育全面复苏。

2.以社会价值为导向时期(1990—2002)

这里的以社会价值为导向,是指以政治与经济为中心的价值取向。20世纪80年代末,资产阶级自由化思想的泛滥,再次使高等教育陷入困境。

鉴于此,党中央高度重视高等教育的思想导向,在此期间所制订的教育方针再次明确高等教育的服务对象只能是社会主义。例如1990年颁布的《中共中央关于制定国民经济和社会发展十年规划和"八五"计划的建议》明文规定教育的服务对象只能是社会主义现代化建设,教育中首先要明确的就是正确的政治立场。

现代社会科学技术日益迅速成为直接生产力,这就要求物理教育不能仅仅局限于理论教育,还应加强实践环节,强调在教学中结合现代生产发展动向,深入相应的生产部门学习实际知识,提高动手能力和科研能力,主动适应现代经济建设和社会发展需要。在强调培养人才的同时,还要牢记培养什么样的人才能在社会主义建设中充分发挥自己的专业知识和技能,同时还必须具有坚定正确的政治方向。所有这些,都为物理教育教学的改革,指明了前进的方向。

3.以多元价值为取向时期(2003至今)

多元价值取向,是指注重人的社会价值的同时关注人的个人价值。进入21世纪以来,随着我国社会主义建设的不断推进,工业化信息化的不断深入,社会,文化,自然,生态不能协调发展的矛盾愈加凸显,为了解决这些矛盾,对于创新型高素质人才的培养显得更加紧迫。

提高自主创新能力,建设创新型国家,是国家发展战略的核心,是提高综合国力的关键。建设创新型国家,科技是关键,人才是核心,教育是基础。科技人才是提高自主创新能力的关键。如何培养具有创新能力的科技人才,这是高等教育必须回答的问题。

"育人为本"强调教育的根本任务是培养人。如果不能实现人的全面发展,必然会束缚人的积极性与创造性,创新能力就无从可谈。这为物理教育工作进一步指明了方向,同时也提出了更高的要求。如今,应试教育向素质教育的转变,是"育人为本"教育方针的必然要求。

(二)逐渐重视素质教育

物理学作为自然科学中的基础学科,不仅在推动科学技术的进步中起到了巨大的作用,而且对人类的时空观、世界观也产生了也有重大的影响,物理学的历史本身就是一部人类的文化史。[①]

大学物理教育的对象主要包括理工科专业的学生。专业的培养目标不同,学生在接受深度上也有差异,在具体教学目标、教学内容上都有所不同。

1.以学生为主体,以教师为主导

在物理教育教学中,关于谁是教学主体的问题,一直都在讨论中。弄明白谁是教学主体的问题,对于评判一直以来物理教学的得与失,对于物理教育具有非常重要的意义。在物理教学中,课堂教学一直是教育活动的主要构成部分,是实施大学教育的基本途径。在传统教学中,教师是课堂的主体,学生比较被动。

在素质教育中,学生为教育教学的主体,教师是教育教学的主导。学生作为"主体",这就要求教师应以学生为中心,以学生的学习需求为转移。教师必须为学生提供全方位的教学服务,学生自身也应积极地投入教学活动中去,自觉地充当教学活动的主角,完成由老师课堂灌输向自己主动吸收知识的转变。以学生作为教育教学的主体,并不意味着教师的不重要,相反,教师作为教育教学的主导,这意味着其职能不仅在于向学生输送知识,更重要的是如何激发、激活学生思考的内在潜力和创新思

---

①白旭峰.大学物理教学方法探索[M].北京:中国原子能出版社,2021.

维。教师在教学过程中,要承认个体差异,因材施教,让学生充满兴趣地去探索,去学习,教师充分发挥引导性的作用,让学生全面而不失个性化的发展。总之,这些都是在明确教育教学主体的前提下开展的。

2.改革物理知识教育

物理学基本知识是构成大学生科学知识系统的重要组成部分。而科学知识是科学素质的重要组成部分,要达到培养学生科学素养、创新意识的目标,学生首先就应该有扎实的物理知识基础。素质教育在进行物理知识教育时应重视以下几大要点。

(1)强调物理知识的系统性

在传统的物理教学中,由教师对教材某一章节中的某一概念或者理论进行讲解阐述,学生在学习过程中是一点点地吸收,往往只关注某一定理的相关习题,而很难将所有的知识点融会贯通。这种只关注具体问题,而忽视知识结构系统性的教学模式,是无法使学生深刻理解掌握物理知识的。

譬如学生在学完运动学后只知道运动学,学完动力学后只知道动力学,也分弄不清运动学与动力学的区别。他们学习某个定理或者做某一物理习题,则在考完试后很快忘记。这种针对性很强的学习除了能给学生带来较高的分数外,作用是非常有限的,真正能使学生终身受益的是物理学系统性的知识结构和思维方式。因此,在物理教育教学中,教师在讲解具体知识点的同时,需要引导学生发现、总结各部分知识内容的内在联系,强化物理知识的系统性,并引导学生建立物理学的知识框架。这样,可以让学生通过物理的学习得到真正的收获。

(2)强调物理知识与实践相结合

素质教育着重应用方面的教学,适当进行习题练习,重点培养学生应用物理知识分析问题的能力。

物理实验就是实现物理知识与实践相结合的绝佳载体。大学物理教育对实验的重视也得以加强。

（3）与专业知识结合

对于非物理专业的学生，将物理教育与其专业知识相结合的意识得以体现出来。例如考虑到生物医学工程专业需要流体运动的知识，专业知识中缺少电路的，增加的电路就很有必要。

这个教学思想的指导下，教师还应根据各专业领域的前沿课题，不断地将工程实际应用中的但还没有写入教材的知识或者技术补充进课堂来，作为对教材内容的延伸。这些前沿知识和技术与学生的生活和生产实际联系紧密，与专业知识结合可以避免学生在抽象的物理理论中徘徊，可以开阔学生们的视野，让学生学到生活、技术中的物理知识。

3.注重加强能力培养

大学物理教育一直都很注重能力的培养。在20世纪80年代，对于知识教育与能力教育的争论中，教学思想已经由传统的"重知识、轻能力"向"知识与能力并重"转变。

（1）重视对物理思想方法的领悟

物理学的思想与方法对人类的世界观时空观产生了巨大的影响，也是17世纪自然哲学中最为基础的学科。它所蕴含的思想方法和哲学上寻找的普遍成立的规律具有很大的相似性。物理教育就是要教育学生在认识自然的基础上总结物质世界的规律。重视对物理思想方法的领悟，对于培养学生学习与科研能力具有重要的意义。

例如通过假说的方法来构建新的科学理论，就在物理学的发展上起到了巨大的作用。牛顿经典力学的建立，电磁学的建立与发展，热力学的研究都离不开假说的方法。物理假说贯穿于整个物理学的发展过程，如果不要假说，就等于终止理论思维，也就等于终止物理的研究和发展。伟大科学家的科学发现过程蕴含着伟大的科学思想方法，可以启发和引导学生去大胆探索科学新理论和新领域。

（2）重视培养学习能力

在大学物理教学的过程中，对学生学习能力的培养，也得到了充分的重视。在素质教育的教学中,不仅要重视系统的物理知识教学,对于学生科学思维的锻炼从而提高学生的自我学习能力和对知识的运用能力也同样得到了重视。很多世界著名的物理学家的事迹表明,对于学习能力的培养与学习方法的掌握,相比仅仅掌握物理知识有意义得多。让学生在学习到知识的同时,形成自我学习的能力,实现由"学会"到"会学"的转化。学生所学到的物理知识,难免会随着时间的流逝而遗忘,但是学生在学习大学物理课程的过程中,所掌握的学习方法与形成的学习能力将对学生的终身学习产生重大且深远的影响。

(3)重视创新能力的培养

为了进一步深造的学生拥有更好的基础,需注重创新意识的培养,因此在教学内容中应加入现代科学与高新技术物理基础专题部分,以开阔他们的视野。

现阶段,利用物理实验培养学生创新能力也得到了积极的尝试。一些开放性的实验题目,如弹簧振子的频率与质量关系的研究、闪光灯设计与制作等,可以让学生分组讨论,拟定实验方案。既培养了他们讨论问题的能力和团队协作精神,又培养了他们分析问题和探索未知事物的能力,从而培养学生的创新能力。

4.强调塑造人格品质

要通过大学物理的教学,引导学生有勇气追求事物的真理、刻苦钻研、求实严谨;学会用科学的观点看待世界;求知若渴,致力于创新,敢于突破旧观念,懂得欣赏科学的美。

在大学物理教学中,学习物理知识固然重要,但素质教育的核心是人的培养——即人的全面发展,因此人文素质教育也应当同样予以重视,如何做学问与如何做人,二者具有非常紧密地联系。

5.改革教学模式

(1)改革教学方法

20世纪90年代起,讨论式、启发式、研究式的教学方法逐渐地进入我国高教的课堂。启发式教学包括提问启发,类推启发,演示实验启发,悬念启发等多种形式。教师根据学生的掌握情况,循序渐进通过启发式教学引导学生积极思考,在思考中掌握知识。在讨论式教学中,由教师针对教学重点和难点,提出问题,分组讨论或者集体讨论,让学生在讨论中检验自己对物理知识的理解程度,学习知识。在研究式教学中,教师提出具体问题或者探索性课题,让学生独立或者合作查阅资料,寻找解决方案等等。这些教学方法提高了学生学习的积极性,活跃了课堂氛围,提高了教学的效率,被广泛采用。

大学物理教学应采用讨论式、启发式之类的能有效提高教学质量的教学方法,注重教学过程中的互动,在教师的引导下使学生独立思考,加强对科学思维的培养。

(2)改革考核方式

考试既是对学生掌握教学知识的评定,同时也是一种教学反馈,帮助教师把握教学情况。但是事实上,考试的反馈功能在实际教学中被忽视了。它在多数情况下成了学生学习完一门课程后的最终评价。传统的考试方式存在形式单一、功能异化的特点,不仅不能全面反映学生的真实的学习状况、综合能力和整体素质,而且容易挫伤学生学习物理的积极性。新的评价机制应该更加注重平时的学习过程和真实的学习状况,避免仅仅利用一张试卷来评判学生的武断方式。

改革传统的考试方式,使之更好地适用于人才培养的需要,首先要树立素质教育的考试观,将考试变为反馈信息,改进教学方法,提高教学质量的手段,已经成为新时代的要求。物理教学为我们提供了进行素质教育的丰富内容,物理教师要积极探索物理知识与素质教育的最佳结合点,促进学生素质的全面提高和智慧潜能的充分开发,为社会培养出更多全面发展的高素质人才。

二、物理教学方式的发展研究

教学手段有广义狭义之分。广义的教学手段涵盖了教学方法的意义,为了避免与其他概念发生混淆,保证研究对象的独立性,从狭义上界定教学手段:教学手段是在教学思想的指导下为了实现教学目标所使用工具、媒介或设备。物理学的发展对技术的进步起到了巨大的推动作用,而技术的进步同样又对物理教学产生了积极的影响。我国物理教学手段的发展,同人类历史上的三次科技革命有很大的相似之处,按照其历史发展过程所呈现的形态可概括为传统的教学手段,电化教学手段以及基于电子计算机和互联网的信息化教学手段。

(一)传统的教学方式

传统的教学手段是指基本上不借助光电声效等器材开展物理教学所采用的教学手段,主要包括口头语言,印刷品,黑板粉笔等。双语教学虽然不在传统教学概念的范畴内,但是可以视为传统教学手段现代化的延伸。

1.口头语言教学

人类的教学活动,是从语言开始的。在文字还没有创立,印刷术没有得到普及的历史年代,人们只能依靠语言进行教学活动,来实现信息的传递。即使是在当今信息化时代,口头语言教学仍然是一种非常重要的教学手段。改革开放初期,相比于国外,我国高校的教学条件是比较落后的。物理学的教学活动主要依靠教师课堂的讲授为主,然后辅之以板书讲义。因此,语言是最早被使用也是最基本的教学手段。

语言作为一种最基本的传统教学手段,具有如下优点:第一,简便。口头语言教学一般不需要外物协助,只要教师愿意讲学生愿意听就可以进行教学活动,传授物理知识。第二,快捷。在教师讲完相关物理知识后,可以很快地获得学生反馈信息。通过师生的交流了解学生接受情况,衡量教学得失,调整教学策略。

但是语言教学手段也有很大的局限性,例如:声音的传播范围有限,教师课堂所说的内容难以保留,对于复杂的物理模型和数学推理无能为力,加之以语言的先天性缺陷——言不尽意,因此,物理教学还需要其他的教学手段来完善。

2.图形教学

狭义的图形概念指的是在载体上以几何线条和几何符号等反映事物各类特征和变化规律的表达形式。广义的图形概念则包括图像、实物形状、汉语象形文字等等，是一个视觉概念。与语言教学互相补充，图形教学是传统物理教学手段中的又一基本教学手段，主要包括教科书、直观教具、粉笔黑板、挂图、模型等。

在改革开放伊始，我国高校物理教学活动主要包括：教师课堂讲解教材知识点，黑板书写推理过程，利用实物模型演示，印发相关补充讲义等过程。语言是最基本的教学手段，教师难以讲清的内容，通过黑板书写步步展示，让学生消化理解。实验是物理学的基础，通过实物演示，可以更好地帮助学生理解物理学的原理。文字和书籍成了保存和体现知识的主要形式，在一定程度上克服了口头语言难以保存的缺陷，因此也就成了物理教学的重要手段。

图形教学作为传统物理教学的重要手段，具有以下优点：首先，直观形象。例如物理课程中一些很简单的公式，如果想用语言表达清楚都是很困难的，但是在黑板上寥寥几笔即可让学生看清来龙去脉；而运用实物模型所做演示实验更是使学生突破想象力的瓶颈，目睹真实的物理现象，深刻地记住其原理规律。其次，信息量大且易保存。文本的体积虽小，但是文字量大，信息丰富。学生可以利用教材讲义以及课堂笔记反复地学习，方便学生自学使学生具有了一定的学习自主性，弥补了课堂上教师教学语音无法保留的缺陷。

同时我们也应该看到，图形教学也有其局限性，虽然相比语言来说直观形象，但是教科书主要以抽象概念反映客观事物和过程，即使是实物教具模型的演示实验也难以做到非常的形象化描述，所以与学生对客体的真实感受有一定的差距。

3.双语教学

双语教学是语言教学的现代化和国际化，也是一种新型的教学手段。

2001年教育部颁布的文件《关于加强高等学校本科教学工作提高教学质量的若干意见》中提出,建议高校采用外语进行基础课与专业课的教学,鼓励引进原版外语教材,并要求双语教学的课程在三年中应达到五至十门,大学物理课程就是众多该类课程之一。

总体上看,国内物理高等教育的双语教学起步不久,在理论和实践上都存在诸多争议与困难,尚未能达成一致的教学观点,形成固定的双语教学模式。而国外的双语教学历史比较悠久,经验比较丰富,有比较成熟的教学模式和教学理论。根据国外双语教学历史发展历程来看,主要有过渡、保持与强化三种模式。

过渡类型的双语教学模式指的是授课时,母语为主外语为辅以保证学生听懂教学内容,使用的教材选用外文的。此类教学模式旨在让学生掌握学科知识接触学科的外语表达方式。保持类型的双语教学指的是授课时母语与外语交替使用,没有具体的偏重,教材采用外文的,目的是让学生在学会知识的同时能运用外语来表达。强化型双语教学指的是以外语授课,采用外文教材,需要时采用少量母语,将学生完全置于外语教学的环境中,以适应在外语环境中的学习,使学生形成用外语表达学科内容的习惯。

目前国内的双语教学模式主要参考以上三种模式进行适当变动。根据实际情况,因地制宜,否则,反而容易弄巧成拙。在采用双语教学模式的时候,有以下几个问题值得关注:第一:双语教学是手段,目的是培养学生用外语思考、解决物理问题的能力,不能将双语教学简单地理解为"用外语上课";第二:双语教学是手段,物理教学才是根本,绝不能把物理课"演变"为英语课。

(二)电子教学方式

随着科学技术和教学实践的发展,人类对教学手段的意义认识越来越深、应用越来越广,教具制作工艺越来越精良、使用效率也越来越高。从十九世纪末起,陆续出现了一些机械的、电动的直观形象传播媒体,最早问世的如照相、幻灯和无声电影。不久,唱机、无线电广播和有声电影相继进入教学领域,形成了声势浩大的视听教育运动。到了20世纪五六十年代,先进的电子技术成果如电视、录音、录像和早期的电子计算机等作为现代教学手段进入课堂。20世纪八九十年代,我国的电化教学发展很快,磁性白板、投影仪、录像带大量地涌入高校物理课堂,对传统的教学手段形成了强烈的冲击。这些电子设备大大地丰富了课堂教学方式,为教学提供了大量生动的直观感性材料,借以形成电化教学的概念。

1.录音教学

录音机是利用声、电转换和电、磁转换原理进行工作的。它是一种既能录音又能放音和扩音的电子设备,可以广泛用于各科的教学中。物理教学中的录音教学主要包括两个部分,即录音和扩音。

录音教学不是一种独立的教学手段,作为口头语言教学的补充,其录音和扩音的功能很好地解决了教师语言既不能保存又不能远传的缺陷。学生可以利用录音设备,记录教师课堂上的授课内容;教师可以利用扩音设备,实现几百人的大班教学,这对物理学的教学具有重要的意义。另外,一些物理课堂上的演示实验,如声音的共鸣和测定声波的波长,由于声音太小而教室太大,只有少数前排的同学可以听到实验声音,通过扩音设备,就可以适度地解决这个问题。

2.投影幻灯教学

20世纪八九十年代,随着教学投入的增加和教学条件的改善,有效地推动了物理电化教学。但是总体上来说,我国的教育经费偏低,人均教育经费与世界相比更是有很大差距。我国电化教学的一个突出标志就是投影仪和幻灯机的使用。投影仪和幻灯机的价格便宜,操作简单,作为传统教学手段的辅助性工具,具有很大的优越性。

在物理教学活动中,可以采用投影图片代替教学挂图。投影图片和教学挂图相比具有成本低,携带方便,易于保存等优点,另外还可以用水彩笔在图上做出标注。其次,投影胶片的使用可以代替黑板,节省了黑板书写及擦黑板的时间,增加了授课信息量。投影胶片的书写可以使用各种颜色的水彩笔,使得教学内容重点突出,一目了然。而且与黑板写完即擦相比,投影胶片可以保存下来随时取出方便教学。再者,投影仪和幻灯机还可以用于实验教学。例如投影仪作为复色光源并有放大作用,可以演示光的偏振现象,双折射现象等。幻灯机的光源强度大、分辨率高,对记录和展示实验结果(如光的干涉、衍射)非常适宜。

投影教学基本上保留了传统教学手段的优点,并且具有以上所述的特长,得到了广大物理教师的普遍认同。其间诞生了诸如《普通物理学投影教学资料片》《普通物理(之一)/(之二)教学投影片》《大学物理教学投影片》等一系列代表性作品,对我国高校物理教育产生了积极的推动作用。

3.电视录像教学

电视录像教学是通过运用教学录像来表达复杂的、动态的教学内容。电视录像教学的表现手法丰富多彩,可以综合地运用声音、图片、动画等形式多角度地展示教学内容,增加教学信息量,调动学生思维的积极性,提高学习的趣味性,从而可以弥补传统教学手段在空间感、动态感等方面的不足,取得较好的教学效果。

电视录像教学也只是一个辅助性的教学手段,其教学效果的好坏不取决于电视机,而在于教学录像的制作优劣以及教师能否合理地使用教学录像。20世纪80年代初期,随着电视技术的发展,电视大学纷纷成立,电视录像教学在高校也风靡一时,《大学物理学电视插播片(印象文字结合教材)》就是个成功的范例。

(三)网络教学方式

计算机网络技术的兴起标志着人类进入信息化时代。对于物理教学而言,基于计算机网络技术的信息化教学的诞生,同样是一个划时代的事件。信息化教学主要包括基于多媒体计算机的"多媒体模式"和基于Internet(英特网)的"网络模式"。

"多媒体"是指将文字、图形、声音、动画、视频等媒体和信息技术融合在一起而形成的智能化传播媒体。而"网络模式"是指利用互联网开展远程教学的模式，突破了课堂对教学的限制。

随着信息技术的飞速发展和教学改革的不断深入，信息化教学作为一种现代化教学手段，很快被引进大学物理教学中，并对以往的教学手段产生了极其强烈的冲击，比如在今天的高校物理课堂教学中，就很难再见到投影胶片的使用，电视机也换成了电子计算机。物理教育工作者应当充分认识到信息化教学的先进性与优越性，加以合理的利用，使其与物理教学科研相结合，为物理教学服务，提高物理教学效率。

1.多媒体教学模式

多媒体教学模式主要是借助多媒体工具、计算机网络技术开展物理教学。综合而言，"多媒体"教学主要有以下优点：

（1）使教学内容直观具体、生动形象

理工科的学生普遍认为物理是一门较难的课程。笔者认为之所以产生这种情况，主要是因为物理学是一门以观察实验为基础的科学，而课堂教学却又远离观察实验多以抽象性的原理概念为主。

多媒体教学作为一种先进的现代化教学手段，能够形象、生动、直观地实现传统的教学手段难以实现的宏观与微观运动与机构，这种物理运动过程运用传统的教学手段很难以讲清楚、画明白。多媒体教学最突出的功能是其强大的模拟功能与逼真的模拟效果，能够使抽象的物理知识转变为学生们直接观察的具体对象，从而帮助理解与记忆。

多媒体教学通过虚拟的场景模拟，采用直观的形象思维弥补抽象思维的不足，使物理教学生动有趣，这是其他的教学手段所不具有的功能。

（2）便于拓展教学内容，增大信息量

多媒体教学不需要花费课堂上大量的板书与作图时间，而将节省的时间用于重难点的讲解上，提高教学效率。相比于投影胶片、录像教学，多媒体的优势在于智能化，教师拥有更多的主动权，而不需要依赖投影胶片和录像的制作。

运用多媒体教学手段,可以很方便地实现资源共享,既可以获得大量的物理学科的教学资料,又可以实现学科交叉,拓展物理教学内容。而在具体的物理教学时,可以借助多媒体综合处理文字、图像、声效等功能,把知识点演绎得精彩纷呈,课堂教学中正确地理解及掌握学习内容。

此外,可重复在多媒体辅助教学拓展教学内容,增大信息量中起到了十分重要的作用。多媒体教学内容可以反复播放,而不像板书一旦擦去就不能恢复。而老师上课的多媒体课件可以十分方便地不断修改与复制,在教学内容的保存上起到了重要的作用。

(3)弥补教学硬件条件不足

我国的高等院校办学条件参差不齐,总体上比较落后,很多院校没有完善的实验室设备,或者实验条件落后,导致很多物理教学上的实验无法完成。另外,虽然有些院校办学条件较好,但是由于我国物理教学模式的落后,很多实验在教学中无法实现。如果失去实验教学的环节,学生就很难理解所学到抽象的理论知识,这也充分体现了物理学作为实验科学的特征。导致学生知其然而不知其所以然,学生依靠死记硬背来掌握知识,其效果之差不难想见。

为此,可以借助多媒体教学,把条件不足以演示的物理实验以及实验中难以实现的物理现象,借助多媒体视听的技术,形象地展示给学生。对物理现象的主动观察,总结概括物理规律与先教给学生抽象的定律然后推理演绎,是两条截然相反的学习道路。现代科学的发展史证明,只有切身地参与对物理现象的观察,才能真正地理解物理,掌握物理学的思想方法。当然,视听过程不能取代学生动手做实验的过程。而让学生做实验的目的是让学生深刻地理解掌握物理知识,因此可以把两者结合起来,一看一做,印象将更加深刻,更利于知识点的掌握。

(4)提高学生学习兴趣和主动性

在大学物理教学中,课堂教学一直是教育活动的主要构成部分,是实施大学物理教育的基本途径。在传统的大学物理课堂教学中,一直是教师讲授教科书和讲义上的物理概念和知识为主,学生听讲记录为辅。在这种教学模式下,学生只是被动地听,因此只有很少的一部分可以做到全神贯注。当学生接受知识都变得困难的时候,进行批判性的思考就难上加难了。

传统的物理课堂教学中以教师讲解核心内容为主,学生主要是被动地接受知识,很少能够积极地参与到课堂中来。多媒体教学相比于传统的教学手段,可以在很大的程度上实现互动性,多重的视听效果不断地牵引学生进入教学的核心内容。在对教学内容的选择与思考的过程中,学生在学习中的主体地位显现出来了。

2.基于Internet的"网络模式"

互联网技术的发展与广泛应用,为物理教学带来了很大的便利。我们可以方便地从网络上获取学科前沿知识以及与教学有关的资源。互联网的普及,为个人形成终身学习的机制、构建学习型社会开通了一条"绿色通道"。通过借助互联网,只要学生需要,互联网这个虚拟的学习空间就可以为学生提供足够的学习内容,学习活动可以随时随地进行。学生成为教学的主体,不再受学习的时间地点班级教师的限制,这与素质教育的精神内涵是一致的,因而基于Internet的"网络模式"又是开展素质教育的有效途径。

基于Internet的"网络模式"教学,将对传统的课堂教学起到很大的补充作用。传统的课堂教学模式将被一种综合型的教学模式取代,即课堂教学为主、网络教学为辅。校园网为开展物理网上教学搭建了一个非常好的平台。教师可以将教学内容与学习资料上传到网页上,将主页建设为学生学习的网络课堂,以供学生选择性地使用。在互联网这个平台上,学生可以选择不同的教师主页,选择不同的教学内容与教学资料,真正地实现资源共享。在此基础上,教师可以开展网上答疑,解答学生的困惑。

第二章　大学物理教学的目标

第一节　大学物理教学目标分析

一、大学物理教学目标的概念

教学目标是教学活动成败的决定性因素之一,科学而合理地确定教学目标是教学活动的"第一要素"。

(一)教学目标的含义

目标是指想要达到的境地或标准,是在活动之前存在于人们头脑之中的活动结果。教学目标就是预先确定的、在教学活动中学习者所要达到的并且是可以操作和测量的预期学习结果,是对学生应达到的行为状态的详细描述。它不仅表现为对学生学习结果及终结行为的具体描述,也是对学生在教学活动结束时其知识与技能、过程与方法、情感态度与价值观等方面所发生的具体变化的说明。

教学目标主要描述学习者通过学习以后预期产生的行为变化,而不是教师的教学计划。教学目标是近三四十年以来出现的一门新兴综合性学科—教育技术学的专门术语。最早运用这个术语的是美国教育家。早在1920年前后,鲍比特和查特斯就曾经试图通过对"成人社会"的"活动分析"来确定目标。到1934年以后,"查特斯的门生、俄亥俄州立大学的教授泰勒首次明确提出教学目标这一概念"。进入60年代,在梅格的推动下,随着程序教学的发展,这一概念受到广泛的重视,并成为教育技术学的专门术语,后来经泰勒的门生布卢姆等人的发展,形成了完整的教学目标分类理论,1956年布卢姆出版了《教育目标分类学》,至今对国内外教育界具有重大影响。还有像加涅、奥苏贝尔等心理学家,也都对教学目标的分类作过专门的论述。到了20世纪90年代,我国的教学理论专著才开始出现专门论述教学目标的章节,如吴也显教授主编的《教学论新编》和李秉德、李定仁教授编写的《教学论》等。

从现代课程与教学论的发展来看,教学目标不仅是教育技术学的专门术语,更重要的是课程与教学的重要内容。课堂教学目标,就是在课堂教学之前建立在分析学生和分析任务的基础之上,教师希望学生在课堂教学结束时所能出现的预期表现、所能取得的预期结果。

作为一名现代教师,首先必须全面了解课堂教学目标的功能,对课堂教学目标的意义有正确的认识,解决为什么要设计课堂教学目标的问题;其次必须知道课堂教学目标的维度和范围,解决课堂教学目标包含哪些内容的问题;最后必须掌握课堂教学目标表述、编写的方法,解决如何编写、表述课堂教学目标的问题。这些问题的解决对于全面、清晰、具体、合理地呈现教学目标,提高教师设计教学目标的水平,提高课堂教学的质量具有十分重要的作用。

(二)教学目标是一个系统

教学目标是一个系统,是由教育目的、学校培养目标、课程目标、单元目标、课堂教学目标组成的一个从抽象到具体、从宏观到微观、从一般到特殊的层次分明、相互衔接的目标体系。

教育目的是党和国家对各级各类学校提出的人才培养的一个具有普遍意义的共同性目标,是学校办学的方向,处于最上位层面,对各种形式的教育和教学活动都有指导和制约作用;教育目的是教育的总体方向,它所体现的是普遍的、总体的、终极的教育价值观。学校培养目标是学校根据自己的培养任务和办学特点所制定的目标,是对教育目的的具体化;课程目标是一定的教育目的在课程领域的具体化,它是具体体现在课程开发与教学设计中的教育价值;单元教学目标是课程目标与课堂教学目标之间的桥梁和中介,指明了一个单元的具体教学目标;"课堂教学目标就是学习者通过课堂教学活动后所要达到的预期效果"。

教育目的决定着教学目标的状态、内容和方向,是以某种特定的教育价值观为选择的。制订何种教育目的决定了课程目标和教学目标的内容、性质和方向。

课堂教学目标以学生的经验为基础,以课程标准和教材为依据,是学生在课堂教学活动中所要达到的预期结果。因此,教学目标的设计要明确、具体、可测评。

(三)教学目标的作用或功能

教学目标不仅是教学活动中学习者所要达到的预期结果,而且是教学活动的调节者。教学目标一经确定,就会反过来对教学活动产生影响。有效的教学目标能够最大限度地调动学生学习的积极性,促进教学活动朝着产生最大教学效果的方向发展。

"教学目标对教学活动所起的作用主要有三个方面:指向作用、激励作用和标准作用"。

目标的指向作用是通过影响人的注意实现的。人在学习活动中有明确的目标,就会把注意力集中在与目标有关的事情上,而且会尽量排除无关刺激的干扰。大量的教学实践证明,教学活动的效果与教学目标的指向作用有着十分密切的关系。教学目标的激励作用,是指当一个难度适中的教学目标符合学生的内部需要时,能够激发学生的学习动机,引起学生的学习兴趣,转化为学生积极参与教学活动的动力。目标的标准作用是指教学目标是衡量教学效果的尺度,教学检测与评价以教学目标为标准。

教学目标是教学活动的出发点和归宿。上海的吴立岗教授认为,教学目标具有四项功能,第一,教学目标可以提供分析教材和设计学生行为的依据。教学目标不仅制约着教学设计的方向,也决定着教学的具体步骤、方法和组织形式。它不仅保证教学活动的科学性、整体性和连贯性,也能保证教师对教学活动全过程的自觉控制。第二,教学目标描述具体的行为表现,能为教学评价提供科学依据。第三,教学目标可以使学生了解他们预期的学习成果。只有让学生了解预期的学习成果,他们才能明确成就的性质,进行目标明确的成就活动,对自己的行为结果做成就归因,并最终获得认知、自我提高和获得赞许的喜悦。第四,教学目标可以帮助教师评鉴和修正教学的过程。教学过程必须依靠反馈进行自动控制,只有依靠清晰具体的目标指令才能进行反馈。教师不断地调整教学的方式方法而使教学结果更接近于教学目标的过程就是一个负反馈的过程,负反馈的特点在于缩小输出与目标之间的差距,是教学自动控制过程必不可少的重要环节。

山东的阎承利先生提出,教学目标具有四项功能,一是定向功能。每一课的教学目标都是整个学科目标系统中的有机一环,它是学科教学的可靠依据,对教学过程起着指引作用。二是强化功能。在教学的开始阶段就向学生明确而具体地陈述教学目标,学生对新的学习任务产生期望,激发学生达到学习目标的欲望,从而调动学生学习的主动性和积极性,帮助学生养成正确的学习习惯,并通过教学过程中的及时反馈对学生的学习动机和学习习惯不断地起到强化作用。三是适应功能。学生有了明确的学习目标,可以知道在特定的时间里应完成的学习任务,可以帮助学生根据自己原有的认知基础,合理地安排自己的学习进程。四是评价功能。教学目标既是学生学习应达到的程度或结果,也是考查学生学习成果的客观尺度。课堂教学目标应作为评价课堂教学质量或效果的客观依据,教学与评价的标准一致,可以避免教学中的主观性、随意性,使教学评价科学化。

整合各方面的教学理论观点,结合大学物理教学的实际,本文认为从系统论的角度来看,课堂教学目标的功能主要表现在以下四个方面:

第一,定向主导性。教学目标是教和学的行动准则,为教师教和学生学指明了方向,奠定了整堂课的基调,主导着教学活动的全过程。一方面对教师来说,它具有"导教"功能,教学目标的确定是选择教学方法的依据,如果教学目标侧重知识或结果,则宜于选择接受式学习,与之相应的教学方法是教师的讲授法为主。如果教学目标侧重于过程或探索知识的经验,则宜于选择发现式学习,与之相应的教学方法是教师指导下的学生探究、发现法。又如,讲演法适合于传递信息,讨论法适合于改变人的信念或观念。另一方面对于学生来说,它还具有"导学"功能,明确的目标又指导学生、促使学生把注意力聚焦于教学目标,更好地积极参与教学活动过程。大学生的学习一般是有意注意的学习,是在具体教学目标指引下的学习。在课堂教学的过程中,教师清晰地告诉学生学习的目标,能够实现课堂教学的有效性。

第二,过程调控性。学生明确教学目标,能够激发对新学习任务的期望,激发到达学习目标的欲望,从而调动其学习的主动性与积极性。所以,教学目标对学生的学习具有发动、促进、调控功能,能够帮助学生形成正确的学习理念和方法,并通过学习过程的及时反馈,对学习动机和学习习惯起到不断的强化。同时,教学目标一旦确定,在教学过程中会制约和调控教师的教学行为,始终为教学目标服务。

第三,测评激励性。通常在教学过程中,所进行的形成性测验和终结性测验,其依据的标准均是教学目标,如果测验的试题超出了原定的教学目标,所进行的测验就失去了效度。所以,科学合理的教学目标是编制高质量试卷的依据,是实施有效测验的前提。有些教师和领导在听课评课时,往往只关注教师是否采用现代教学手段、学生是否活跃、是否精讲多练等等,实际上评价一堂课好坏的标准,只能是看这一堂课是否达到教学目标。而教师的基本功就表现在对教学目标的设计是否合理,教学方法的选择、教学过程的组织以及师生双边活动是否有利于达成教学目标。

第四,交流互动性。课堂教学以教学目标为主线,成为联系教师和学生的有效交往的桥梁。在课堂教学的师生动态互动过程中,教师和学生都是受益者,在学生获得发展的同时,也促进了教师的发展。教学目标具有交流的功能,要求教学目标的陈述不仅要教师知道如何去向学生说明这个目标以及什么时候可以确定目标已经实现,还要使学生知道学习任务以及什么时候他们的学习成绩达到教师的要求。教学过程是通过师生、生生相互作用,使学习者的行为朝着教学目标确定的方向,产生持久变化的过程。因此,只有确定了科学而合理的教学目标,教学设计才有意义,实现有效教学才会成为可能。

(四)设计教学目标的意义

教师的教学活动过程蕴藏着一系列的决策活动,确定教学目标是教师做出的一项重要的决策,这一决策反映了教师对教育价值观的认识、教学意义的理解、现代学习理论的认同以及教师的教学实践能力和教学水平。所以,"科学的教学目标设计是实施有效教学的基本策略"。

课堂教学目标设计是现代教学理念或教学观在教学中的集中体现。教师能否与时俱进,能否系统掌握基础教育课程改革精神和现代教学理论,能否面向全体学生,培养大批的具有创新精神和实践能力的创新人才,其关键首先反映在课堂教学目标的设计上,体现在课堂教学目标的设计、实施和评价的过程之中。

课堂教学目标设计是现代教学理念或教学观向教学实践转化的桥梁,是课程标准的具体化和操作化。课堂教学是课程实施的重要途径和主渠道,课程目标必须依靠每一节课的教学目标达成而得以落实。因而,课堂教学的目标设计是新课程实施的一个关键,也是检验教师是否树立现代教学理念、是否将现代教学理念转变为教学实践和教学行为的一个标准。课堂教学是一个动态的开放式系统,具有系统的功能。教学目标的确定在教学活动中具有极其重要的意义,表现在:

第一,有利于教学的规范化。教学目标与课程目标具有一致性,教学目标规定着教学的方向和稳定性,使教师集体对教学有一个清晰的、统一的认识,可以清楚地检查教学内容的范围,有利于促使学习内容覆盖认知、情感、动作技能等各个领域。

第二,有利于学生的学习。教学目标规定了学生的学习方向和学习行为,使学生明确知道学什么、怎么学、学到什么程度。

第三,有利于教师的教学。教学目标是教学的目的与归宿,使教师知道教什么、怎么教、教到什么程度。

第四,有利于教师和学生之间、学生和学生之间的交往与沟通,充分发挥教师的主导作用。

第五,有利于对学生主体地位的真正确立。传统的物理教学中,教师往往对如何教考虑得较多,而很少考虑学生如何学习,这就导致处处以教师为中心的想法和做法横行。而教学目标是反映学生的行为变革的,这就迫使教师在教学过程中要十分认真地思考怎样帮助学生去实现这些行为变革。

第六,有利于作为教和学的评价依据。传统的教学评价以书面为唯一的形式,没有统一的标准。现代教学评价,要求适应并发展个人的能力、能力倾向,以教学目标的达成度为评价学生的主要依据。

二、《基本要求》教学目标分析

2023版的《理工科类大学物理课程教学基本要求》(以下简称《基本要求》)规定大学物理课程的总教育目标,是高校编制大学课程教学计划和教学大纲、教师从事教学活动、教学效果评估的基本依据。文件提出了"实现学生知识、能力、素质协调发展"的基本目标,该目标要求教师应该从知识、能力、素质这三个维度全面地设定教学目标,避免片面化。在具体教学中,教师需要在学情分析和教材分析的基础上,对《基本要求》进行教学目标分析,将文件中的基本要求分解、细化,转化为一系列全面、具体、可操作性强的课堂教学目标。

在知识学习方面,《基本要求》将大学物理课程的教学内容分为A、B两类,其中A为核心内容,B为扩展内容,并提出大学物理教学内容可以通过各个高校教学大纲加以规范。

在能力培养方面,《基本要求》提出培养学生"独立获取知识""科学观察和思维""分析问题和解决问题"等三种能力,也就是培养学生独立学习物理知识的能力,运用所学的物理知识、思想和方法提出、分析和解决问题的能力。能力培养目标不可能在短短一节课内达成,需要在较长时间的物理课程学习中逐渐实现,因此,在实际教学中,需要把能力培养目标分解成一系列具体、可操作的短期子教学目标贯穿在整个物理课程的学习过程中。在能力培养与知识学习的关系上,大家赞同"作为智育目标的能力不在知识掌握之外,而寓于知识掌握之中"的观点,能力的培养不能独立于知识的学习之外而单独进行。能力形成于学习过程中,形成于运用物理知识、思想和方法提出、分析和解决问题的实践过程中,因此,可以将能力目标具体地分解为认知领域的教学目标。在教学中,能力是学生在创设的"实践情境"中通过实践中形成的,因此,在布卢姆分类学框架下,"培养独立获取知识能力"主要归为"运用元认知知识"类目,而培养"科学观察和思维""分析问题和解决问题"能力主要归为"运用程序性知识"类目。

在素质培养方面,《基本要求》提出了素质培养的3个方面:求实精神、创新意识、科学美感。素质培养教学目标是非认知领域教学目标,属于情感体验领域。设定情感体验方面的教学目标可以设定学生需要参与的相关活动,而不表述具体结果,而活动的设计可以按照布卢姆情感教育目标5个层次逐层深入地展开。求实精神的培养可以以"教师要求"的形式体现在学生学习的各个环节,如:听课、作业、论文写作、完成教学项目等。在创新意识培养方面,《基本要求》则建议在教学中采用包含现代科学与高新技术的物理基础专题方式实现。科学美感的培养可以与典型的知识点学习结合起来,例如:在学习麦克斯韦方程组时,可以让学生了解、感受、体会方程中蕴含的简单美、对称美、统一美等,当然也可以采用专题讲座方式讲行。

知识、能力、素质是大学物理教学目标的三个层次,三者不是孤立的,而是一个有机联系着的整体,统一于学生整个大学物理课程的学习中,三者不能分别独立实现,因此,建议在设定教学目标时将三者进行有效整合,采用一体化表述策略。

第二节　大学物理教学目标生成策略

一、如何确定教学目标

首先,教学目标的地位与关系。分析学生发展的教学环境,就是把促进学生发展的具体的教学内容、教学价值、学习意义纳入教学难度、学习开发、生命质量等组织中。要准确全面把握学生发展的教学环境必然需要从三个方面着手:①知道本节课在学科知识体系教学中的作用和地位以及其对学生发展的价值和意义;②对课程标准的深入解读,把握课程标准与本节课的逻辑对应关系;③学生已有认知的掌握,分析本节课学习所需要的学习环境有哪些,又该如何塑造发展学生知识、技能和态度的教学环境等。

其次,教学目标的遴选与关键点。原始物理问题教学的目标的遴选与关键点的选取,有利于增强教师的创新意识,提高目标设定的自觉性、反省性和合理性。①整合教学目标,首先整合教学指向和具体教学内容,确定本节课的教学方向和学习维度;②汇聚教学难点,拧住教学难点和学生困惑,分化教学的重难点;③学情分析,研判学生的已有认知水平,创新教学活动方式,设计原始物理问题教学生成过程,激发学生自主性与主观能动性。

最后,教学目标的分层与优化。教学目标的分层与优化有利于学生知识的意义建构、能力生成和情感发展。一方面,教学目标的分层和分解有利于原始物理问题创设初期难度的降低,适合不同学生的差异性,打通学生从不会到会、从学会到会学的"任督二脉";另一方面,在分层基础上的优化,体现与学生认识水平、实践水平和评价水平相适应的交互整合性"转识成慧"的教学过程。

在确定教学目标时,其关键在于对"过程"的把控,注重在学习知识的过程中培养学生的想象力和创造性思维,让学生在学习知识的同时,做到活学活用,引领学生运用所学新知识解决有一定难度的实际疑难问题,进一步转变"只知书本知识,不会解决实际问题"的学习方式。

二、教学目标的影响因素及其设计框架

任何教学目标的实现都有影响因素,这些影响因素有主次之别,重要与非重要之分。准确把握和突显影响因素,并对不同影响因素进行先后、轻重排序。而影响因素排名最靠前的作为大学物理问题教学优先突破的因素,才有利于学生最基础的教学目标实现。

不同的教学内容、教学方法、思维难度和学习方式,其影响因素有很大区别。如果教学内容高度抽象化,学生理解困难重重,其影响因素可确定为"加强与生活的联系",在学生熟悉的情境中分解学习难度,一步步达到学习目标;如果是教学方法单调,学生学习兴趣不浓厚,其影响因素就可以认为是"提升教学方法",使教学方法适应学生的学习习惯;如果是学习时思维难度很大,其影响因素就是"优化学习梯度",将问题的小型化作为降低思维难度的隧道,引导学生学习难度由浅入深;如果学习方式不适宜,其影响因素就是"高质量的学习方式",体验式、过程性学习活动便成为教学的关键。

一般来说,学生学习的难点在哪里,影响因素就在哪里,也就找到了最佳教学策略的实践基础。

当我们找到了左右教学目标实现的影响因素之后,其核心就是突破影响因素的元素有哪些,哪些元素是最关键的。教学与生活有着千丝万缕的关系,要突破影响因素,就需要到原始物理问题中寻找根基,自觉建立影响因素与生活的联系。这一环节包括:①找到影响因素与原始物理问题联系的目的,原始物理问题高于生活,将影响因素融入原始物理问题才能找到自己的根基、突破口和意义;②确定影响因素与原始物理问题联系的维度,既可以是根据教学内容先后顺序的维度,也可根据教学目标取向的维度;③建立影响因素与原始物理问题联系的层次,依据影响因素与原始物理问题的联系程度,包括:复制、剪切、压缩、重建和程序化;④重组影响因素与原始物理问题联系的方式,不同的影响因素与原始物理问题建立的方式不同,所以它们之间需要根据教学目标实时进行重组。

教学设计的框架是对教学目标的深化和具体化。①学科知识生活化,将抽象的知识寓生动活泼的原始物理情境中,教师引导,学生积极参与,让学生真正体会到知识的"有用性",做到"形真";②教学情境亲切化,亲切的问题情境,有利于激发学生的情感体验,提高学生情感的参与度,做到"情真";③教学内容问题化,问题化的教学内容由浅入深,提供广泛的学生思考和想象的空间,做到"意真";④教学效果理性化,丰富的情境其宗旨是为了学生在感性认识的基础上,把握蕴含于其中的事理,做到"理真"。

围绕学生已有认知水平,设定教学目标和教学设计框架,并使其具体化为原始物理问题。通过新任务、新问题,形成认知上的矛盾与冲突,再使用新技术、新理论、新体验化解矛盾与冲突,获得新知识、新发展、新能力。

三、基于原始物理问题设置教学目标的三个维度

任何一种转变都有其基本方式和基本维度,意识到转变中的基本维度才能收放自如。基于原始物理问题教学,在教学目标中设定原始问题目标,在教学内容上突破知识的抽象性,在教学情境中蕴含情感体验,在教学过程中深化和领悟学科知识本质,在教学效果上会运用新知识解决复杂物理问题。

(一)原始物理问题设置教学目标的角色化维度

原始物理问题教学作为一种教学实践活动,其角色化维度,主要涉及师生主体和原始物理问题客体之间的相互作用,主体与客体在相互作用过程中进行着互通互建,即主体融入客体世界中,客体世界进入主体心智内。

一方面,师生在原始物理问题中自觉地认识、调控、支配和改进,从而使师生完全沉浸在原始物理问题的意境中,实现主体客体化;另一方面,学生自身的主观愿望和认知结构主动接受原始物理问题的融合与改造,这种融合和改造不断地突破和提升学生的学习方式,从而更加符合中学生身心发展规律和认知特点的原始物理问题,实现客体主体化。正是主体与客体之间的互通互建,构成了学习方式转变的物质基础。

从教学目标出发,认真分析学科知识,广泛挖掘"有用"的原始物理问题。明确不同的学科知识在"课标"中要求达到的层次是什么?哪类原始物理问题适合哪些学科知识?不同的物理概念、规律可以用相似的原始物理问题进行教学?

(二)原始物理问题设置教学目标的社会化维度

一般地,学科知识体系是庞大而零散的,教学不仅需要"对象化",而且需要师生之间、同伴之间的"社会化"交往互动,才能使"对象化"更充分,才有利于对庞大的学科知识进行改编、精炼和转化,组建成原始物理问题的知识脉络,因此挑选具有代表性的原始物理问题就特别重要和关键。

只有处于交往互动的课堂教学中,学生才能觉得被纳入一定的社会关系中,并确定学生自身在社会关系中的地位、价值和作用,才会发挥主观能动性,原始物理问题才会被认识、被接受,学习方式才有转变的社会基础。

学习方式只有内含于"社会化维度"才会真正得以转变,教育也只有内含于"社会化维度"才会真正实现"一切为了学生的发展"。

(三)原始物理问题设置教学目标的具身化维度

"具身化"指的是教学主体随"对象化""社会化"的不断调节、推进和深入而进入与自身相互作用的维度,进而将学科知识通过原始物理问题融入心智世界中,同时也是达成新平衡的心理基础。一方面,学生通过自身心智世界的参与和支持,对学科知识进行自我建构和自我消化,达到学习目的;另一方面,学生对自我意义建构的知识进行自我反思、自我批判、自我评价和自我诊断,进一步发展心智世界,促进自我成长。

毫无疑问,思维的发展比知识的获得更重要。学习知识的过程就是思维发展的过程,原始物理问题描绘的每一个情境,都包含有思维发展的环节。学生心智世界的积极参与,有利于原始物理问题的孕育渗透、学习方式的领悟成形和理论知识的应用发展,而其中的学习方式的领悟能够有效提升学生自主学习的能力,发现和解决更多综合性前沿问题。

可见,学生发展心智世界,不能盲目记住知识点,有利于自主学习的学习方式才是有灵气、有生命力的"知识"。所以,学习与发展是基于原始物理问题教学中的具身化维度,基于原始物理问题教学的根本目的是转变学习方式,培养学生自主学习、实践创新、心智发展的能力。

第三章　大学物理教学的内容

第一节　大学物理教学的内容基础

在教学活动中,教师的教和学生的学是以一定的教材为内容的。教学内容是教师授课的依据,是学生学习的材料和主要信息来源,它是教学活动中最具实质性的东西,没有它就无法进行教学。教学内容是实现教学目的的具体媒介和桥梁,不同教育观念下的不同教学目的决定了教学内容也呈现出相应的特点。

当前,教学内容改革成为物理教学改革的中心议题。近年来已经涌现出一批较优秀的现代化大学物理教材,如北京大学赵凯华教授与中山大学罗蔚茵教授合著的新概念物理教程之《力学》《热学》和《量子物理》,清华大学张三慧教授编著的《大学物理学》等等都是较突出的代表。综观这些新教材,他们在内容的选择、编排上都做了大胆的革新,在很大程度上这也代表了大学物理教材改革的走向和趋势,以非物理专业的普通物理教材为例,教学内容变化可归结为以下几个方面。

一、加强物理学导论,从整体上把握物理

通常讲授物理学由力学开始,然后依次讲热学、电磁学、光学、近代物理,缺少整体论述,使学生只见树木而不见森林。而非物理专业的普物教材本身即为导论性教材,因此有必要在开篇时加强从整体上讲述物理学的性质、任务、特点和方法,使学生能够从物理学概貌及现代发展上认识

物理学的地位和作用,提高学生学习物理的积极性。

二、教学内容现代化

物理课程的内容现代化首先体现在增加近代物理内容,提高近代物理所占的比例,加强量子力学和统计物理基础知识,以利于继续学习;同时适当介绍物理学知识在现代工程技术中的应用及当代物理学发展的热点与前沿,理论联系实际;更重要的是以现代的思想观点来重新审视、理解和提炼经典物理内容,从新的、更现代的角度讲述经典物理,达到经典物理与近代物理的一定的融合;体现时代感,激发学生兴趣。

三、联系相关课程调整教学内容

在现在物理课时不断被压缩的情况下,如果对教材只做加法不做减法将与课时数发生冲突,而且传统教材中与中学物理内容部分重复的状况也容易使学生产生厌学心理。因此现在较认可的做法是对大学物理中与中学物理明显重复部分进行删减,同时联系其他基础课程如高等数学、大学化学等,调整相互之间的共同部分,避免重复而提高教学效率;加强与后续课程有关的部分,为继续学习打好基础。

四、强调对物理概念、物理意义的理解,简化数学推导

美国著名物理学家费因曼曾说:"对学物理的人来讲,重要的不是如何正规严格地解微分方程,而是能猜出它们的解并理解物理意义。"现代物理教材的一个趋势就是强调概念的明确、清晰和深刻,将对概念的理解放在第一位,同时适当放弃理论体系的严密性,简化物理公式的数学推导,使学生形成较清晰完整的物理学图像。

五、利用物理学史,加强物理学思想方法的讲授

物理学科由于自身的特点一向具有思维训练的独特效果,在物理学的发展历史中又蕴含着丰富的科学思想方法;锻炼科学思维能力、掌握科学思想方法正是现代素质教育的目的所在。因此有必要增加有关物理事

件、物理学家生平事迹的比例,从更自然、更人性化的角度讲解物理,加强科学思想方法的传授和科学素质的培养。

六、重视图片资料及教材印刷质量

相比于传统教材,新版教材较注重印刷质量,并且教材中已经开始出现生动实际的图片及部分物理学家照片,缩短物理学与现实生活的距离,增强物理学的时代感以吸引学生。

第二节　大学物理教学内容的改革

一、基于OBE理念开展教学内容改革

成果导向教育(Outcome Based Education,简称OBE,也称为产出导向教育)理念是一种以学生"学习成果"为导向的教育理念。《华盛顿协议》作为国际上最具影响力的工程教育互认协议,已将OBE理念贯穿于工程教育认证标准的始终。我国始终把握高等教育发展的最先进理念,基于OBE理念树立了"学生中心、产出导向、持续改进"的本科教育新理念,在本科阶段工程教育领域产出了较为丰富的研究成果。这些研究成果多是从专业人才培养方案或课程目标达成评价等方面就某一层面单一阐述OBE理念的实践研究,而对如何应用OBE理念指导大学课程教学设计的实践研究则较为薄弱。

大学物理课程是学生学习工程技术知识的基础,同时也是培养学生科学素养和创新能力的重要途径。国内高校积极引入OBE理念,开展了大学物理课程的教学改革。相关研究成果主要集中在理论研究、教学模式改革实践、评价体系等方面,基于OBE理念的教学内容改革研究较少。近年来,国内多家高校开展了面向大学物理教学内容改革研究,并取得了良好的教学效果。

教材是教学内容的主要载体。不论国内还是国外，都不乏经典、精品，然而教材不等同于教学内容。根据OBE的"反向设计"理念，相应的教学改革需要根据培养目标设计课程的学生学习成果，重新设计考评方法、设计教学内容、设计教学活动等，各个环节相互支撑。

二、大学物理课程教学内容改革的探索

（一）教学内容的改革需要完成从"教什么"到"学什么"的转变

传统的大学物理课程内容主要基于教材，知识更新速度落后于科技发展；追求完整的知识体系，注重知识的传授，即"教什么"。OBE理念强调的不是老师讲了多少，而是学生学会了多少，掌握了多少。基于OBE理念，课程设计是"自上而下"反向设计的，以最终目标（学生学习成果）为起点，反向进行课程设计，教学内容根据培养目标来选择，注重学生的学习成果，即"学什么"。为此课程内容应反映前沿性和时代性，加强理论与工程应用、科学问题的结合；通过课程内容改革，合理增加课程难度，拓展课程深度，激发学生的兴趣和潜能。如何改革课程内容，完成从"教什么"到"学什么"的转变，支撑基于OBE理念的课程教学目标，让学习真正激发学生的兴趣和潜能，是本课题组开展课程教学内容改革需要解决的主要问题。

（二）教学内容的优化整合

教育部在《关于加快建设发展新工科实施卓越工程师教育培养计划2.0的意见》中提到"树立工程教育新理念，……着力提升学生解决复杂工程问题的能力，加大课程整合力度"，据此，大学物理课程教学目标确定为知识、能力和素养三个层次。其中，能力目标包括三个内容：具有独立获取和应用知识的能力；具备科学观察和思维的能力，能应用物理学知识解决日常及工程应用中的简单问题；具备分析问题和解决问题的能力，能利用物理学知识对科学及工程问题进行分析、讨论和制订研究方案。

结合大学物理课程教学目标,本课题组将大学物理课程教学内容优化整合为两大部分:"物理学原理"和"应用类专题"。"物理学原理"部分由基本的、核心的原理构成;"应用类专题"部分将除核心原理以外的知识点模块化,并结合实际应用,形成"工程应用和科学问题"专题,构建以科学问题和工程应用实例为大框架、理论知识填充的知识结构。

例如质点力学这章的教学内容,"物理学原理"包括力学的基本概念、牛顿运动定律、动量定理和动量守恒定律、动能定理和机械能守恒定律、能量守恒定律;"应用类专题"为"嫦娥工程",这一专题应用力学原理,从发射、环绕、变轨、着陆、返回五个方面展开简要分析。"嫦娥工程"的"发射"部分从两方面讨论了火箭的速度,一是火箭获得的速度与火箭质量的关系;二是第一、第二、第三宇宙速度的推导。"环绕"部分则由开普勒行星运动三定律引出角动量的定义以及角动量守恒定律。

又如稳恒磁场这章的教学内容,"物理学原理"包括稳恒磁场的高斯定理和安培环路定理;"应用类专题"包括磁约束、霍尔效应、直流电动机和磁性材料及其应用。其中"磁约束"这节内容围绕"如何利用磁场来约束高温的等离子体",描述了磁约束的原理(带电粒子在电场和磁场中的受力),详细讨论均匀磁场和非均匀磁场中的磁约束,介绍了实现磁约束的装置以及与磁约束相关的自然现象。

改革后的教学内容具有以下特点:第一,注重知识的区分度。"物理学原理"的内容是依据教学过程的甄选和反复实践而确定下来的,既突出核心原理,又保证知识体系的完整和内容的基本框架不变。"应用类专题"是依据课程教学目标,将除核心原理以外的大学物理知识点模块化后,融入工程应用实例和科学问题中而形成。

第二,强调内容的应用性。"工程应用和科学问题"专题选取了利用大学物理知识可以分析的、与技术应用发展和科学前沿相关的内容,旨在拓宽学生视野,培养学生分析问题、解决问题的能力,适用于分层次教学。在注重内容应用性的同时,也具有一定的学习挑战性。

第三,体现教学内容的可教性。课程教学内容的物理学原理部分选取时充分考虑课时,遴选核心知识点突出重点,精选例题加深原理的理解,设置思考题引导学生深入学习。"工程应用和科学问题"专题部分,选题时立足于引导学生提升学习兴趣,注重学生创新能力及综合能力的培养,内容难度适中,适用于以学生为主的研究性学习。

(三)拓展加深"应用类专题",开展研究性教学

传统的教学强调知识的吸收而未能创造条件让学生在实践中去探索、发现。基于OBE理念以学生学习为基本逻辑展开教学,要求教师在充分了解学生特点的基础上,全面设计教学活动和教学环节,探索新型教学模式。如何通过创新教学模式,强化创新能力和实践能力的培养,是大学物理课程改革中需要解决的又一重要课题。

"专题"分为三个层次:通识模块、专业限选模块、学生自选模块。"通识模块"是由教学大纲要求掌握的知识点设计而成的工程应用实例或科学问题组成,例如质点力学中"嫦娥工程的发射和环绕过程",稳恒磁场中的"磁约束"。"专业限选模块"是根据专业特点设计的典型案例,例如静电学中的"口罩的防护学问",研究驻极体材料在口罩中的应用,涉及的教学内容为"静电场中的电介质"。在教学中引入我国在防疫抗疫中科技工作者的贡献案例并对此进行分析与讨论,增强学生的民族自豪感和爱国主义情怀,树立攀登科学技术高峰的信心,担负起民族复兴的重任。

"学生自选模块"则由历届学生的自主选题组成,每学期会评选优秀研究课题并加入此模块。自主选题是学生在大学物理课教学内容的范围内根据自己的兴趣、特长等自由选择的研究课题,例如"EMP(Electromagnetic pulse,电磁脉冲)从原理到防御"属于电磁学的研究内容,学生由娃娃机的破解和电磁武器引入电磁脉冲的工作原理,制作了一个产生电磁脉冲的简易装置,并成功攻击毁坏了一些小型电子设备(电子手表,电子闹钟)。又例如"《流浪地球》的数值模拟",学生应用力学知识通过Matlab模拟了电影《流浪地球》的多个场景。

　　"应用类专题"的教学内容以学生自主开展研究性学习为主,教师全程引导。在教学过程中,学生自主组队选题,先进行调研,收集资料,确定具体的研究内容;然后开展研究工作;取得研究成果以后在课堂上进行展示,成果展示环节中设置提问和回答,对研究内容进行深入的讨论。学生在研究性学习中体验"发现问题—提出问题—分析问题—解决问题"的科学研究过程,提高了学习兴趣,初步培养了科学研究能力,能应用物理知识解决问题,增强了学习的信心。

　　在大学物理教学内容改革的历程中,本课题组最初是针对专业特点调整教学内容,在理论知识讲解中引入工程应用实例,后来通过设置"工程应用和科学问题"专题开展研讨式教学,经过多年的教学改革实践,形成了由"物理学原理"和"应用类专题"组成的教学内容。同时,增设"物理学原理及工程应用"课程,其与大学物理课程平行设置,旨在拓展大学物理课程的深度与广度,加强学生创新能力的培养,满足人才培养的需求。

(四)教学内容、考评方法、教学活动相互支撑

　　在整个课程教学环节中,教学内容不是孤立的,为实现培养目标,取得理想的学习成果,教学内容、考评方法、教学活动都需要精心设计,相互支撑。在改革实践中,本课题组为线上线下混合式教学、翻转课堂等教学模式,整合教学资源,形成集教材、视频、习题、研究性项目、实验等多种内容为一体的教学内容体系。

　　为构建科学有效的考核体系,支撑教学目标的达成,需要以产出为导向,增大学习过程考核成绩在课程总成绩中的比重;细分形成性评价指标,通过作业、研讨式学习、学习活动参与等环节的综合表现对学生的学习过程进行评价。

第四章　大学物理教学的方法

第一节　大学物理常用教学方法

高等院校设置物理课程的目的,是引导学生掌握物理教学的基础理论、基本知识和基本技能,培养他们研究物理教学的志趣和从事物理教学工作的能力。

在物理教学过程中,采用多样化、富有创新和实验导向的教学方法,能够激发学生的学习兴趣,提升他们的科学素养,更能有效培养解决复杂问题的能力。本节总结了一些常见的物理教学方法,包括课堂讲授法、实验教学法、发现式教学法、自学指导法、谈话法、讨论法、练习法和探究式教学法。

一、课堂讲授法

(一)讲授法的特点、地位与局限性

课堂讲授是大学教学的基本方法,是在教师主导下以言语为主要手段传递知识信息的教学方法。它是系统、完整地传授知识,发展学生能力,培养学生思想意识的捷径和主要渠道。课堂讲授包括讲述、讲解、讲读、讲演等具体方法。

1.讲授法的特点与优势

大学课堂讲授与中小学有所不同,具体表现为如下特点:①内容庞

大,进度较快;②讲授与自学并重;③讲授内容广泛而灵活;④讲授内容有一定的探究性。

一般来说,大学课堂讲授可以遵循两种基本策略,即原理中心策略和问题中心策略。

长期以来,学校教学一直与讲授法紧密联系,这可追溯到雅典的剧院、柏拉图的学园,它作为大众思想交流的基本方式在中世纪的大学里演化成为一种教学法。在现代,尽管新的教学方法不断涌现,但课堂讲授法在大学教学中始终占据主导地位,这主要是由于它具有如下优越性:

一种比较经济、有效的教学形式。由教师根据统一教材按班级授课,有利于大面积培养人才,能够使学生在较短时间内学到人类长期积累的丰富的知识体系。

有利于教师作用的发挥。保证班级内每个学生都在教师的有目的、有计划、有组织的直接指导下进行学习,对教学设备无特殊要求,教师容易掌握和实施。

有利于发挥集体的教育作用。班内学生年龄、学习程度大体一致,可以相互激励、学习,有利于组织性、纪律性、集体主义精神的培养。

2.现代物理教学中讲授法的地位和局限性

和绝大多数课程一样,在普通物理教学中,由于讲授法的经济、灵活和高效,长期以来一直是教学方法的首选。可以预期的是,根据学校的教学设施、环境、教学活动的组织管理、师生比例、中国的文化传统与思维习惯等各方面因素的制约作用,讲授法在未来相当长的时期内将仍然占据主导地位。

但是讲授法自身也伴随着不可忽略的局限性,近年来越来越受到人们的重视,主要集中表现在以下几个方面:

本质上是一种单向性的思想交流方式。学生在课堂上只能选择仔细听讲,或置之不理、逃避,很少有对学习者至关重要的相互作用和反馈吸收。因此,如果过量使用该法就会助长学习的被动性,不利于能力的培养。

不能使学生直接体验知识和技能。讲授作为一种言语媒介,无法给学生提供最直接的感性认识,只能促使学生想象和思考,有时会造成理解、应用知识的困难。

记忆效果相对不佳。由于缺乏感性直观,学生较易忘记讲授内容,而且,一般随着讲课时间的延长,识记效果呈下降趋势。

难以贯彻因材施教原则。由于采用统一教材、统一要求、统一方法来授课,不能充分照顾学生的个别差异。

3.现代物理教学中课堂讲授法的正确使用

由于讲授法与传统教育思想的要求相一致,讲授法的上述局限性在传统教育观念中一直被忽视和淡化。现在以新的教育观念、教育目标来衡量,这些不足与缺乏正是我们力求改进和避免的。探讨如何根据实际情况改进讲授法的教学效果具有很重要的现实意义和实用价值。下面,笔者通过实例进行分析。

例:近代物理部分的课堂讲授

近代物理学是当经典物理学中出现了不可解释的实验现象而产生的,它的理论思想与经典物理学有较大的差异。在教学中如果仅仅按部就班地讲解普朗克量子假设、爱因斯坦光电效应方程、玻尔氢原子理论、物质波等等有关的概念、公式及理论推导,对于学生来讲,很可能只意味着一堆抽象的术语和数学方程式,在长期的经典物理学的熏陶下,很难自然地接受这种思想上的突变。为了在有限的课时内使学生掌握近代物理的思想和精髓,在这里可以借助于物理学丰富的文化内涵,在历史的框架中沿着物理学家的思路和时间顺序去讲授。例如,有关普朗克的量子假说,可以通过它的产生背景及过程来增强理解。向学生讲述在历史上为了解释黑体辐射实验定律,在经典物理学的基础上维恩、瑞利、金斯等许多物理学家作出的种种努力,得到的理论公式及其缺陷,普朗克对黑体辐射定律的探究直至最后在怎样的背景下提出量子假说。另外,诸如光电效应、氢原子理论等都可以采用这种方法,使学生通过了解物理学思想演变及发展的过程,达到更准确、更深刻地理解。同时,这样讲授还可以增加课堂的趣味性和生动性,开阔学生的眼界,活跃思维。

总的来说,对于讲授法应采取扬长避短的法则,具体表现为以下几个方面:

(1)充分认识到讲授法的优势,加以发挥,避免全盘否定

讲授法作为一种传统的优秀教学方法,其特点和优势本书在前文已经介绍,不能因为存在局限性就全盘否定。实际上,只有通过教师根据对象、内容而进行的灵活调整的讲述、讲解才能系统地传授物理概念、理论,进行逻辑思维训练,或者说这些方面适宜用讲授法来教学。可以说正是物理学科本身理论化、抽象化程度较高的特点决定了讲授法有充分发挥的空间。另外,在讲授中可灵活利用物理学丰富的文化内涵,进行历史铺垫,帮助理解,同时还可激发学生兴趣,培养科学素质,一举两得。

(2)灵活结合利用其他教学法

考虑到单纯课堂讲授易增长学生学习的被动性,不能发挥学生的主体作用,可以结合使用讨论法和问题教学法等发现式教学法。这些方法能有效启发、诱导学生自主思维,独立钻研,增进师生之间的交流,充分发挥学生的学习能动性;而且,讨论和问题教学法都属于以语言信息为主的教学方法,可以非常灵活而方便地结合讲授穿插进行,融汇在一起。

(3)用物理实验弥补理解困难的缺陷

对于讲授法不能提供感性认识,有时造成理解上的困难这方面的缺陷,可以通过物理实验来弥补。物理学本身就是一门实验科学,实验给学生提供了实际操作、获得亲身感受的机会,因此,有机协调大学物理和物理实验这两门课程,发挥它们之间的交互作用可以有效解决这个问题。另外,如果有条件,增加课堂演示实验对帮助学生理解也非常有益。

再者,可结合现代多媒体教学技术,利用多媒体的独特优势来辅助课堂讲授。由于多媒体教学是教学方法改革的一个重点,本书第一章对此作了较详细的分析。

由以上分析可以发现,通过课堂讲授,一方面能够系统地传授物理学知识,另一方面,也可以培养学生各方面的能力。教师可利用讲授法擅长的理论分析、逻辑推导,促使学生大胆想象和思考,锻炼思维能力;尤其是物理学中常用的基本思维方法如:比较、分析、综合、归纳等在教学中经常出现和使用,教师加以讲解和点拨,对学生的思维将起到积极的训练作用。另外,通过对物理学发展背景及物理学家发明、创造的生动事实的讲述,可让学生了解、掌握其中蕴含的科学思想方法,学习并运行创新的、辩证的思维火花等,从而提高科学素养,发展综合能力。因此,抓住课堂讲授独有的优势和特点,充分利用它的长处,必将在素质教育中发挥重要作用。

二、实验教学法

(一)物理实验教学的特点、地位和作用

实验是一切自然科学研究的基本手段,实验课在理工科院校中占有重要地位,现代实验教学是在教师指导下,运用实验手段,让学生观察自然现象的变化状态,从而获取感性知识,加深或扩大知识的广度和深度,培养学生科研能力和科学精神的教学方法。

实验教学法的特点及优势如下:

有助于巩固和加深学生所学的理论知识,培养其观察能力、思维能力、实践能力和创新能力,有助于学生形成严谨的科学作风和态度以及独立操作能力,因而实验课是高校坚持理论联系实际、培养专业人才的必要途径。

科学实验作为一种特殊的社会实践活动,有条件地模拟各种自然现象、社会现象或过程,从而间接地探求事物原型的特征和内在规律;同时,实验可以进行人工控制,创造科研必需的特殊条件,从而更好地寻找事物

的规律。因此,实验教学法是高等院校实现"教学、科研、生产"一体化战略的最佳选择。

实验教学在大学尤其理工农医类院校中所占的比例明显大于中小学,是掌握科学理论和发展科技、从事生产所必需的途径,与大学教学的学术性和培养目标相一致。

有助于培养大学生的科研素质,在实验课中学生的学习更接近于科研工作,通过实验领会并掌握科学真理,同时尽可能地有所发现和创新。

由于物理学是其他自然科学和工程技术的基础,物理实验在高等院校人才培养中也相应占据了重要的地位。物理实验是大学生进校后的第一门实践性课程,是培养学生动手能力的重要基础课,这种能力不仅仅是实验操作能力,更重要的是创造性思维能力。实验教学的基本目的是让学生学习实验测量方法、科学思维方法和学科基本研究方法。物理实验将在学生的知识、能力和素质的培养方面发挥越来越重要的作用。

(二)物理实验教学存在的问题与改革

在目前的物理实验教学中,存在很多问题,主要表现在:①教学内容偏重经典验证性实验,起点低,综合性、设计性、应用性、近代物理实验少,与实际脱节,缺乏现实特点。②缺乏系统的科学实验方法论教育。③教学方式不利于学生个性与创造才能的发挥,教学中留给学生自由思考和设计发挥的空间小,教师先讲,学生照做,被动完成实验。④仪器陈旧,且缺乏现代化教学手段。⑤考试方式难以对学生掌握知识与技能的程度进行全面的评价。

针对上述问题,近年来,许多院校都对物理实验课程进行了多种模式的改革,并取得了丰富的经验,总的来说,有以下几种改革趋势:

1.整体优化实验教学内容体系

在保证基础的前提下,更新内容,提高起点,减少简单验证性实验,增加综合性、应用性、设计性和近代物理实验。实验内容框架体系分成若干层次,即前导实验,基本实验,综合、设计、近代实验,知识扩展实验,应用研究性实验。每个层次又分为必做和选做两部分以便学生自由选择。

2.教学手段现代化

建立仿真实验局域网,引进或自制有关课件,充分发挥仿真实验网的预习功能,优化实验项目功能,知识扩展功能和答疑功能。同时配合使用其他现代化的教学手段,如实物/图像显示系统、录像等以增强教学效果。

3.实行开放式教学

实验室、机房全面开放,按实验项目特点进行网上预约开放实验,教师少讲或免讲,将实验主动权下放给学生,同时建立配套的现代化管理系统。

4.科学全面地考核学生的实验能力

部分大学对学生实验能力的考核采取平时成绩、操作考试或口试、笔试相结合的方法进行,同时在实践中不断完善操作考试和笔试的内容和方式,使考试在学生能力培养上起到正确的导向作用。

通过这些措施,一方面可以使学生掌握基本的实验方法、基本技能及实验的基础理论,了解现代物理实验新技术与知识;另一方面能够培养学生观察动手能力、分析解决问题的能力和综合实验设计能力;同时可以培养学生创新意识、科学思维方式、实事求是的科学态度、严谨的工作作风和钻研探索精神。

需要强调的是,普通物理课程与实验物理课程之间的关系,由于二者独立,对于普物教学,不能直接使用实验教学方法,而且由于经费、课时等实际问题,目前也很少进行课堂演示实验。为了弥补感性知识、实际动手等方面的不足,必须充分利用实验课与普物课程之间的密切关系,发挥交互作用,使其成为一个有机整体。例如,对于近代物理部分,可以开设的实验物理课程有"迈克尔逊干涉仪的调整和使用""光电效应法测定普朗克常数"等实验,如果结合普物教学,调整二者的进度,使学生在理论学习的同时能够实际动手,亲身获得感性认识,可有效帮助学生正确、深刻地理解物理规律。

三、发现式教学法

相对于以教师讲述为主的"传授式"教学法,发现式或称启发式教学法强调以学生探索为主,突出学生的主体作用,是现代教育思想较为提倡的教学方法。

(一)物理课堂教学中适用的发现式教学法

发现式教学法包含很多不同的具体操作方法,在物理课堂教学实践中,比较适用的有讨论法,问题教学法以及近些年出现的"模拟发现法"等等,下面分别讨论各自的特点和作用。

1.课堂讨论法

课堂讨论法在古希腊、罗马的学校里就已经产生,著名的苏格拉底教学法(产婆术)就是一种讨论法。在现代大学教学中,讨论法依旧占有重要地位,是一种常用的方法。

课堂讨论的作用即讨论法的优势与长处表现如下:有助于进一步理解知识、并体验运用知识的具体情境;有助于训练学生科学的思维方式、培养学生的综合能力、培养科学精神,提高鉴别力;有助于进一步增强师生之间的思想、情感交流,提供运用所学知识和原理的机会,引起进一步学习的动机。

课堂讨论法在大学教学中的地位仅次于讲授法,它允许学生提问、探索、争辩并作出反应,着重于培养学生独立钻研的能力,具有其他教学方法难以替代的作用。

2.问题教学法

问题教学法是培养学生分析问题、解决问题能力的一种当代教学方法。它针对传统讲授法的弊端,由师生合作,共同提出问题、解决问题。它从惯常的"从知识到问题"转换为"从问题到知识",极大地调动了学生学习的积极性。

问题教学法由教师利用系统的步骤,指导学生发掘和解决问题,一般有演绎和归纳两类方法。

演绎法的步骤为：

提出问题→分析问题→提出假设→选择假设→验证假设。

归纳法的步骤为：

提出问题→分析问题→收集资料→整理资料→总结结论。

问题教学法的主要优点如下：学生直接参与教学过程，由学生负责解决问题，教师只起指导作用，学生的积极性较高；学生在不断分析问题、解决问题的过程中，创造性思维能力不断得到培养；使用范围广泛，文、理科教学中均可使用。

3.问题讨论法

在物理教学实践中常常将讨论法和问题教学法联系起来，配套使用，一般统称为问题讨论法。通过教师的提问、设疑，激发学生积极思考，学生对已获得的物理知识和生活经验进行讨论，通过直觉思维和逻辑思维来获得新的物理知识。这种方法的优点是能集中学生的注意力，充分调动学生学习的主动性和积极性，课堂气氛活跃，能达到良好的教学效果，对培养学生各方面的能力都有积极的作用。

问题讨论法从学生人数上划分，可分为团体、小组和个别形式。由于现在大多数院校的大学物理课程都采取大班授课，应属于团体形式的问题讨论法，即全班学生共同研究一个问题，共同收集资料，共同分析研究，以求获得一致的结论。例如，在新的物理规律引入、讲解例题及复习指导时就可以使用问题讨论法。在实际运用问题讨论法时，有以下几点需要注意：

教师上课前要进行充分准备，分析教材，了解学生，根据内容合理设置问题，编排教学过程，并估计可能出现的障碍，准备相应的解决办法。

教师提出的问题要有明确的目的，掌握好提问的时机，难易适合学生程度，对学生的回答给予明确的评判。

对较困难的问题，可以预先交给学生，让学生课前预习，查阅资料，准备好答案。课堂内可就一位学生的解答进行不同意见、不同见解的讨论，由教师引导进行分析综合,概括抽象出正确结果。教师要善于把握、捕捉反馈信息,发现"闪光点"给予肯定和适度的表扬,对不同回答作出恰如其分的评价。

课堂提问时,要给学生留有思考和讨论的时间,同时要把握好课堂教学进度。

4.现代物理教学中的模拟发现法

模拟发现教学方法是近几年在物理教学改革实践中出现的一种较新的教学方法,它的理论根据是皮亚杰的发生认识论,该认识模式为:

刺激(S)—认知结构(O)—反应(R)

在一般物理教材中对于一些重要科学发现的教学采用的模式是:

旧理论的困难—假说—实验验证

而模拟发现方法根据认识论原理,采取的教学模式是:

困难—假设提出过程—假设—实验验证

比之于一般教学程序,模拟发现法增加了"问题的提出"这一重要环节。

在实际应用时,教师必须通过引用历史背景知识把学生带到科学发展的年代,让学生了解当时科学发展的现状:与科学发现相关的领域内,哪些知识是当时已经公认的,哪些知识是有异议的,实验与理论之间怎样不协调等。用发生认识论的话说,就是使学生受到与当时科学家相同的"刺激"。根据认知结构置换效应,相同的刺激引起相同的反应,这种相似性正是模拟发现教学的理论基础。

通过模拟发现教学,学生不但可以从"发现"中获得知识,更重要的是让学生体验一下科学家发现的过程,进行一次物理学方法的"实地应用练习",是一种"半实践式"教学,它可以培养学生的创造思维能力,同时也增强学生进行科学研究的兴趣与信心。

可以看出,模拟发现教学的本质是指,引导学生模拟科学家的科学发现过程的教学,其目的是让学生参与知识的获得过程,实现布鲁纳提出的让学生"像物理学家那样去思考物理"。它非常适宜于一些重要科学发现的教学，比如普朗克的能量子假设，卢瑟福的原子结构假设，玻尔的定态条件和频率条件假设，爱因斯坦对光电效应的解释等内容。

实际进行模拟发现教学时有以下几点要求：①教师要掌握与课文内容相关的物理学史，才能在课堂上用讲授法模拟出科学家所处年代的学术氛围，用情景暗示的方法使学生尽可能受到与科学家相同的"刺激"，这是产生认知结构置换效应和进行模拟发现教学的前提条件。②由于大学生的知识水平和认识能力与科学家的起点不同，在模拟过程中教师要进行必要的引导，可以是演示实验、提问暗示等方法。③模拟教学过程不是简单地重复科学家们的发现过程，一个重大发现也不可能在短短的课堂内去重复；模拟过程主要是向学生展示科学发现过程中的失败和成功，"失败"是为了激发学生思考问题，"成功"是引导学生建立新的理论。④教学设计要灵活，可以考虑：困难—假设提出过程—假设—实验验证的模式，也可以是：物理现象—旧理论的困难—科学猜想过程—假设—对物理现象的解释的模式。

（二）发现式教学法在物理教学中的地位和作用

不论是问题讨论法还是模拟发现法，或者采取其他操作方式的发现式教学方法，它们都有一个共同特点：即强调学生的主导地位，充分发挥学生的能动性。传统的讲授法中，学生是被动地接受知识，而发现式教学法针对传统方法的弊端，师生合作，以提问、讨论、情景模拟等具体方式，引导学生自主探索，钻研，解决问题，传统的师生地位发生转换，变为在教师指导下，以学生活动为主的教学方法，极大地调动了学生的积极性。

由以上分析可以看出，发现式教学方法对于培养学生各方面的能力和科学的思想方法非常有益，是现代教育观念大力推崇和推广的方法。但是由于发现式教学法占用时间较多，不经济，相对于讲授法对师生的要求较高，其组织和实施较讲授法复杂和困难，因此没有讲授法应用广泛。另一方面，目前大学物理教学存在课时紧、学生多而教师短缺等现实问题，不可能大面积、长时间使用发现式教学法。比较切实可行的做法是利用发现式教学法的特点，在以课堂讲授为主的前提下，灵活结合发现法，优势互补；二者又都是以语言为主要交流信息，完全可以在课堂教学中融为一体。可以说，在物理课堂教学中发现式教学法是讲授法的一种主要辅助方法。

四、自学指导法

（一）自学指导法内涵及其重要作用

1.大学自学指导法的含义

自学是学生在课内外独立进行的一种认识活动，这种方法主要是指学生在教师的指导下，通过他们自己的阅读、钻研，主动获取知识，提高能力。在高校教学过程中，学生的自学成分越来越多，是课堂教学的继续和延伸，比中小学有着更为重要的意义。教师对学生的自学指导主要包括以下几个方面：

（1）指导学生做课堂笔记

大学教学内容广泛，信息量大，做好笔记是提高课堂讲授教学效果的重要措施，它有助于学生掌握知识体系的重点和难点并使知识系统化，有助于集中学生注意力，引导学生主动思维。

（2）指导学生阅读

阅读是学生对书本知识的直接感知与理解过程，是一种能动的教学手段，教师应有目的、有计划地对学生进行阅读指导；分析教材的重点和难点，使学生全面掌握知识体系；指导学生学会使用有关的参考文献和工具书，掌握精读和泛读方法；帮助学生学会分析、归纳、取舍和统整阅读材料；指导学生学会做读书笔记。

（3）课外学习指导

大学课外学习时间比例较大，独立钻研的成分较多，是大学教学的重要途径之一，教师可分别从预习、练习、复习各个环节进行指导。对于物理课程的学习而言,自学应包括阅读教材和相关资料,计算,解释现象,灵活运用物理知识解决问题等等。[①]

2.现代教育思想对学法的重视与研究

在物理学习中,学生的主要困难就是不知道应该怎样去学习物理,这是物理教学长期以来"重教轻学"和不重视自学方法所造成的,在其他课程中也都存在这个问题。教学是师生共同的活动,实际上,教学质量的高低、好坏在很大程度上不是主要取决于教师"教"得怎样,而是主要取决于学生"学"得怎样,取决于他们学习是否得法,是否会学习。大家都知道这样的事实:同样的教师教出来的同一个班的学生,成绩总是有高有低,相差悬殊。这里面除了学习态度、兴趣的因素,是否会学习具有关键的作用。

在现代教育思想下,对教与学的关系有了新的认识,强调学生的主体性,在教学方法上重视对学法的研究,将自学法作为一种重要的基本教学方法。具体到大学物理课程,就是让学生"学会怎样去学习物理",即掌握学习物理的方法,并以此作为物理教学的一条重要指导思想。一些著名学者一再指出,将来的文盲、科盲不是看他是否识字和是否受过科学教育,而是以他有没有"学会怎样学习"作为依据,从未来着眼,学会学习的方法将使他终身受益。

(二)大学物理教学中自学指导法的特点

在大学物理教学中,自学指导法有如下几个特点:

物理教材通常运用文字、数学、图像三种语言,教师要指导学生学会看懂物理概念、规律的三种语言表达,以及它们的相互关系。

指导学生抓住物理教材的内容结构。从总体来说,物理教材一般以概念和规律为中心内容,首先是概念、规律的引进,然后是形成和导出过程,最后是概念规律的应用,包括适用条件和应用范围。

---

①邢磊,董占海.大学物理翻转课堂教学效果的准实验研究[J].复旦教育论坛,2015(1):24-29.

根据学生的特点有层次地提出不同的要求。学生的程度不一,在教学中,应该因人而异,区别对待,比如对物理兴趣浓厚的学生可指导他们查阅资料,学写小论文,或接触、了解当今科技发展的特点趋势等内容,以提高自学钻研能力。

目前在大学物理的教学实践中,自学法越来越受到重视。由于物理教学内容的改革一般都采取了增加现代部分和实际应用知识,介绍前沿和热点等措施,使得物理课程的内容有增多的趋势,而课时非常有限;为了解决矛盾,对于与中学较相似的内容,尤其是经典物理中的一部分内容主张以学生回顾、复习、自学为主;对于物理学在科技工程中的应用及前沿热点知识,可在教师的指导下通过学生自己的阅读去开阔眼界和思维、激发学习兴趣。

总的来说,自学的成分随着教学改革将逐渐增多。通过指导学生自学,促使学生充分发挥自己的主观能动性,可以提高独立思考、钻研的能力,分析解决问题的能力以及查阅文献资料的能力。

五、谈话法

谈话法的特点是教师根据学生已有的知识基础和思维水平,提出一系列深浅、难易恰当的问题,引导学生思考或回答,从而使学生获得新知识、巩固旧知识、发展思维能力。谈话法以问题为导向,其优点是有利于唤起和保持学生的学习兴趣和注意力,便于激发学生的思维活动,培养学生独立思考能力和语言表达能力;教师可以通过谈话直接了解学生对知识、技能的掌握情况,获得教学反馈信息,改进教学。其缺点是课堂发言容易被学习好、思维敏捷的学生所占据,而差生容易被忽视。谈话法的形式,就其实现的教学任务而言,有引导性谈话传授新知识的谈话,复习巩固知识的谈话和总结性谈话。

在运用谈话教学时,教师应该在透彻分析教材和学生及明确教学目的的基础上,对谈话的问题、提问的对象、学生可能的回答、如何进一步做好启发引导等问题,有充分准备。此外,运用谈话法教学还应当做到以下几方面。

（一）必须题意清楚，要求明确

物理教学中的课话要让学生听清楚提问的内容和要求，切忌含糊其词，模棱两可。提问要言简意赅，表达要准确到位，不能让学生觉得问题有点颠三倒四，造成学生困惑不解。例如进行功的计算时，提出"一个物体在斜面上下滑时，力做了多少功"的问题，显然这个问题题意不清，要求不明，因为问题没有指明是哪个力做得功。

谈话的题意清楚、要求明确，教师的表达事关重要。教师的表达要言简意明，切不能不知所云，让学生无法回答。也不可随意提问，如不经准备，漫无边际地东拉西扯，扯一些不相关的内容；或提一些低级的、重复的问题；或发现某一学生精力分散心不在焉，突然随意发问。这样的发问，由于没有事先准备，往往会出现题意不清，要求不当等问题。

（二）要切合全体学生

谈话要切合学生，是指谈话的内容要考虑全体学生的实际，难易适度；谈话要面向全体学生，使全体学生都参与到谈话中来；要依据学生的回答进行正确的反馈。

首先，谈话要考虑学生实际，谈话的问题要难易适度，在问题较为抽象或有一定难度的情况下，要设置一些具体的或难度较低的问题来引导谈话。如在"磁场线"教学时，在教师引入概念后，若提出"磁场线有何特点"的问题，学生可能一时难以回答。如果教师考虑学生的知识和能力水平，提出几个过渡性的小问题。如磁场线闭合吗？在磁体的外部与内部磁场线的方向如何？磁场线的疏密程度与磁场的强弱有何关系……通过一系列小问题的对话，学生就容易理解磁场线的特点了。

其次，提问时要面向全体学生，要给学生充分的思考时间。一般来讲，要使全班学生都在积极思考和准备回答的基础上，大约有三分之二的学生能回答问题的情况下，再请个别同学回答。这样做以利于全班同学都积极参与到谈话中来。

另外，对于学生的回答，教师的反馈要合适。在学生回答后，教师不要轻易下断语，而是要停留一定的时间。这样做不仅可以促使回答的学生继续思考,而且也促使全班其他的同学继续思考。一般来讲,对于正确的回答,还要以追问的方式让学生说出判断的依据,要让学生将思考的过程展现出来。这样做,才能看出学生的思维是否合逻辑,是否真正理解谈话的内容。对于回答出现障碍或回答错误的学生,应当适时加以引导、给予鼓励,使他能正确回答,或者请其他同学给予帮助或补充。不管何种情况,教师都应当给予积极、正面的反馈与引导,以充分保护和发挥学生的积极性。

(三)问题要有思考价值

一般而论,谈话的问题要有合适的难度并能引发学生积极思考,这些问题并不是那种表面性肤浅问题。教师不可只追求热闹场面,学生齐声回答一些没有思考价值的肤浅问题,如让学生回答"加速度的大小与受到的合外力成正比,与物体的质量成反比,对不对?""向心加速度的方向总是指向圆心,是不是?"这类问题,学生可以从众式地齐声回答,表面上看轰轰烈烈,实质上教学效果空洞得很。教师也要防止一些习惯性提问,每讲一两句便问"是不是""对不对",这种谈话表面上看发问不少,实际的收效也甚微。当然谈话的问题也要考虑到学生的实际,不要提出过深、过难,过抽象的问题。这样的问题学生一般难以回答,谈话也就无从进行下去了。需要指出的是,谈话虽然要经过精心准备,切忌随意性提问,但有些时候,谈话要随着教学的即时情况而随机应变。例如在"电路"教学时,教师首先连接好了一个最简单的电路,可演示时意外接踵而来,开关合上数次均没能使小灯泡亮起来,教师调试了几次,仍然没能成功。

面对这种尴尬情况,学生可能话语窃窃,掩面私笑。教师应当灵活运用谈话法让教学正常进行,如提出问题:下面老师来探究一下为什么电灯不亮? 可能是电路中哪些元件出了问题? 学生可能的回答:可能是电池没电了,可能是开关坏了,可能是灯泡坏了,可能是某根导线断了…由于课堂教学情况会出现一些意想不到的情况,因此谈话还应有一定的灵活性。

另外,在以谈话为主要教学方法的教学中,应当及时做好小结,使学生混乱的知识得到梳理,错误的认识得到澄清。对于需要进一步深入的问题,教师还可以留下伏笔。

六、讨论法

讨论法是在教师指导下,学生以全班或小组为单位,围绕某个问题,通过讨论或辩论活动,各抒己见,获取知识或巩固知识,培养讨论、沟通、交流能力的一种教学方法。谈话法与讨论法的共同之处在于都是以问题为主展开的教学活动,但谈话法主要是教师提问、学生回答,其活动方式更多地体现在师生之间的互动;而讨论法是学生围绕教师布置或自己发现的问题,各抒己见,相互交流,集思广益,从不同的角度来认识事物,达到深刻、全面理解所学知识的目的,其活动方式不仅体现在师生之间的互动,更多地体现在生生之间的交流与合作。

讨论法的优点在于能够集中学生的注意力,充分调动学生学习的积极性;通过互相启发、互相学习、取长补短,加深对学习内容的理解;由于全体学生都参加活动,可以培养学生的合作精神,获得与他人合作交流的体验。同时,还可以培养学生钻研问题的能力,提高学习的独立性。运用讨论法教学应当做到:

(一)精选讨论问题

选择合适的讨论问题,是进行讨论的一个关键。除了问题要有启发性和趣味性外,教师应该在把握教学内容,教学要求、明确教学重点、难点和了解学生的基础上,有针对性地选择讨论题目。一般而论,要从以下几个方面选择讨论的问题:

第一,教学的重点和难点。教学重点是学生着重要掌握的内容,教学难点是学生不易理解的内容,这两点无疑是讨论问题的最佳来源。例如在牛顿第一定律的教学中,大学生在生活经历中,所看到的都是给物体施加力,才使物体运动的现象或者使物体不受力而停止运动的现象。因此,他们不理解"一切物体在没有受到力的作用时,总保持静止状态或者匀速直线运动状态"的观点。教学就可以让学生就"物体运动一定要受力""不受力的物体一定会停止运动"等问题开展讨论。又例如,在"抛体运动的规律"教学中,让学生"会运用运动合成与分解的方法分析抛体运动"是一个重要的教学目标。从学生的知识与方法的贮备来看,学生具备一定的解决该问题的能力。因此,教师可以在引入平抛运动概念之后,提出"怎样来研究这种曲线运动"如何确定做平抛运动物体在任一时刻的位置和速度的问题,让学生以小组为单位,通过讨论尝试解决问题。

第二,教学中的疑点问题。教学疑点是学生容易感到困惑的地方。比如很多学生就很难理解"加速度增大的减速运动,加速度减小的加速运动",在教学中可以让学生讨论这个问题。又例如,在"圆周运动"教学中,由于相互连动的圆周运动之间的线速度与角速度之间的关系比较复杂,学生在理解和运用上也比较容易混淆。因此,可以对如下问题进行讨论:"自行车的大齿轮、小齿轮,后轮是相互关联的三个转动部分。如果以自行车架为参考系,行驶时,这三个轮子上各点在做圆周运动,那么,哪些点运动得更快一些?也许它们运动得一样快?"学生在分别学习了线速度与角速度概念之后,再通过对这个问题的讨论,将有利于学生梳理同一转动体的线速度与角速度、链条传动体之间的线速度与角速度的关系,从而深入理解圆周运动的线速度与角速度之间的关系。

第三,教学中的歧义问题,它是教学过程中师生、生生就某一问题在理解上出现分歧的问题,如"汽车速度越大,刹车的距离越远",有的学生可能认为"速度越大,物体的惯性也越大",而有的学生认为这种观点不对。教学中可以让学生对这个问题进行讨论。

第四,与教学内容相关的社会中的焦点或热点问题。如与物理学有关的环境保护的话题(水资源,臭氧层破坏和保护、废电池的污染和防止、地球变暖的温室效应、气候与热污染、核能利用和核污染防止等),资源开发和节约话题(各种能源水资源开发和节约、从热机的发展与应用等、改善生活品质课题、磁记录电视技术与生活、光缆通信等)到灾变和防灾话题、破解自然之谜话题。教学可以有针对性地选择这些与物理学相关的STS（科学、技术与社会）话题，让学生进行讨论。

（二）创设讨论的良好氛围

营造积极、热烈、活泼的讨论氛围，是讨论取得良好效果的一个重要条件。为此，要发扬教学民主与平等的意识和精神，创设一个民主、平等，宽松、和谐的讨论气氛。首先，要建立师生平等的教学关系。有的教师秉持"师道尊严"的教学态度，对学生往往表现出批评和不满。教师的这种权威与权力相结合的态势，会令学生感到紧张，不敢轻易发言、发问，从而影响学生参与讨论。因此，教师要树立平等民主的教学思想，尊重学生的人格。在课堂讨论中要尽可能地肯定学生，在学生讨论中无论提出对的或错的、有道理或无道理的问题，都应当与学生平等协商，鼓励学生大胆参与到讨论中来。

其次，要让学生明确讨论中不仅是学生与学生之间是平等的，而且教师与学生之间也是平等的。要鼓励学生在讨论时声音要大，要敢于发表不同的观点，会有理有据地提出自己的看法。同时在别人发言时要静听，要聆听和尊重他人的看法。在讨论时还要提醒学生，学术争论不同于个人冲突，不能强词夺理，要想有效地说服别人接受自己的观点，必须有理有据；如果自己观点有误或不全面，则应开诚布公地接受他人正确的观点或修正自己的观点。

（三）适时引导讨论

教学讨论是理智性的思想交流活动，参加者能够积极和主动参与讨论与许多因素有关。如学生的学习的准备情况，学生的表达能力、说话方式、胆量、性格等等。因此，教师要针对不同学生的差异，除了善于运用各种方法创设讨论氛围之外，还要参与到学生讨论之中，并适时引导和启发学生。

（四）做好讨论的小结

运用讨论法教学中，教师要及时引导学生做好小结。小结可以在学生小结或小组小结的基础上,师生共同补充,最后形成比较一致的结论。在讨论"是不是只有浮在水面上的物体才受到浮力"的问题时,要引导学生对物体在水中的不同情形受不受浮力及浮力产生的原因做出小结。又如,在学生对平抛运动分解问题的讨论后,应该引导学生小结:因为做平抛运动的物体只受重力作用,且只具有水平方向的初速度,在垂直方向的受力、初速度满足自由落体运动的规律,在水平方向的受力、初速度满足匀速直线运动规律,所以,将平抛运动分解为竖直方向的自由落体运动和水平方向的匀速直线运动来研究是合理的;又因为自由落体运动和匀速直线运动是老师熟悉的比较简单的直线运动,所以,根据已学的规律可以方便地求出分运动的速度与时间位置与时间的关系,再根据运动矢量合成就能获得平抛运动的物体任一时刻的位置和速度。这种先通过分解方法将复杂的运动分解为简单的运动,再通过合成的方法解决问题,是物理学一种重要的研究方法。

讨论法运用于物理教学的形式可以是多种多样的。它既可以单独运用,也可以与其他方法结合运用;可以用于全班性的讨论,也可以用于小组合作学习;既可以用于新知识的学习,也可以用于知识的巩固。

七、练习法

练习法是在教师指导下,学生通过练习进行巩固知识、运用知识、形成解决问题的能力的教学方法。在大学物理教学中有多种练习形式,最常用的是纸笔练习作业,但大学物理练习不应仅仅看成一些计算题,它还包括观察、实验、参观、技术设计、调查等实践性的练习。这些类型的练习作业往往在问题、方法和结果上具有一定的开放性,能较好起到通过练习培养学生科学素养的作用。

一般来讲,在每一堂课中,教师要根据教学要求,提供给学生练习本节课或上节课教师所讲授的基础知识或重点内容的习题的时间,以及时反馈教学效果信息,诊断出班级或学生个人对教学目标达成度情况,以适当调节后续教学。这些诊断性的练习,要突出明确的知识点及每项知识点所应达到的学习水平,题型一般以选择、填空、简答为主。此类诊断性练习的目的是使师生准确及时地了解教与学的情况,以改进教学。这些练习的结果并不影响学生物理学习的成绩,只是起到一种诊断学习问题改进教学的作用。

练习法在新课教学中的应用形式是不拘一格的。在教学引入阶段,可以出示一题或一组练习题,让学生独立解答,以复习知识、发现问题,并依据问题引入教学。在教学过程中,在学生掌握了某个知识点后,教师可出示练习题,让学生解答、分析比较,以达到及时巩固知识的目的,培养学生应用知识解决问题的能力。在教学主要内容结束后,出示一组相关试题,供学生练习,达到巩固整节课教学效果的目的。大学物理复习分平时复习和阶段复习,练习法是最为常用的方法。

八、探究式教学法

(一)探究式教学的含义

1.探究式教学的概念

探究性教学是指学生通过有指导的或完全自主的探究活动,以获取知识、培养能力和形成价值观的活动过程。这些探究活动包括观察、提出问题、猜测、假定、制订探究计划、实验、论证、评价交流等。从另一个角度讲,探究学习反映了一种学习观和教学思想。这种探究的学习观和教学思想认为,科学探究能力培养是科学教育的重要的目的之一,科学探究也是科学教育的重要的学习内容和学习方式。

2.探究式教学的特点

探究式教学是一种集探究教学思想、探究教学活动和形式的教学方法。它与接受性方法不同,主要有直接性问题性和探究性的特点。

(1)直接性

就学生的学而言,探究式教学是一种直接经验的学习。它与以教师呈现知识为主的接受性学习相比,学生主要不是通过教材或教师的呈现,来记忆、理解、巩固知识,而是要经历与前人尤其是科学家相似的研究经历,形成概念和发现规律。这种探究性学习具有获得直接经验的学习特点。在这个过程中,学生要亲身经历提出问题,猜想与假设、制订计划与设计实验、实施实验与搜集证据,分析论证、评估、交流等探究过程(或部分过程),获得对知识的理解,经历科学过程,体验科学方法,形成对科学的情感态度与价值观。从教师教的角度讲,虽然学生的探究离不开教师的指导,但教师只是作为协助者为学生的探究提供必要的资源和指导,以保证探究教学的顺利进行。

(2)问题性

探究式教学是围绕问题而展开的,没有问题就没有疑惑,也就没有探究。物理探究式教学中"问题"的提出,离不开观察实验、思维。物理是一门以实验为基础的自然科学,实验是大学物理教学内容的重要组成部分,物理实验离不开观察,实验过程中产生的各种物理现象和物理事实都是学生通过观察来认识的。同时,观察和实验离不开思维,三者始终是联系在一起的。物理探究性教学中的"问题"的产生也离不开观察、实验和思维。但这里的问题属于"科学问题"。所谓科学型问题,是指源于观察、事实、疑惑,并在与已有知识背景的比较中产生的问题,是有所知又有所不知的问题。这样的问题与真实的科学问题相似,有一定的难度,但又在学生最近发展区内,学生能够进行探究与实证。探究教学活动的过程实质上也是围绕问题进行猜想、假设、计划实验、收集证据、分析论证、评估,交流等一系列的活动,可以讲,没有问题就没有探究教学。

(3)探究性

探究式教学的探究性特点是由科学探究的本质所决定的。探究式教学不是把探究的问题、探究的方法、探究的过程和结论直接告诉学生,而是让学生通过各种各样的尝试、猜测、假设、论证、评价、修改、交流等探索性活动亲自得出结论,从而体验知识得出的过程,培养科学探究的能力和科学态度与价值观。探究学习虽然离不开教师的指导,但相对于接受性学习而言,在探究学习过程中,学生有较高的自主性,从而突出了学生在学习活动中的探究性。根据活动的难易程度及学生能力和知识水平，探究学习可以有不同方式的探究活动，有的可以是学生经历提出问题，猜想、假设，计划实验、搜集证据、分析论证，评估、交流全过程的探究学习，有的可以让学生经历其中部分的探究活动，有的也可以有不同程度的探究活动。例如，探究的问题可以是教师通过特殊的问题情景诱导学生提出的，甚至可以是教师或教材提出的，可以是学生自己提出的。数据的收集，可以引导性地给出部分实验数据，让学生分析并作出解释，也可以让学生通过实验、观察，调查亲自收集数据等等。但不管是何种方式，何种程度的探究学习，其学习过程中的探究性是一个显著的特点。

（二）物理探究式教学的一般过程

探究式教学的一般过程主要包含如下几个环节：

1.发现并提出问题

教师根据教学内容的特点，课程标准的要求和学生的实际水平，通过观察、实验、案例分析等特定的环境创设问题情境，由问题环境萌发的问题必须能与学生已有的知识经验相联系，能引发他们探究的兴趣和欲望。例如，光照到物体会产生什么现象，摩擦力与哪些因素有关，重的物体与轻的物体哪个下落得更快等，这些问题应当让学生在特定的实验和观察环境中自己发现并提出，或者是能够在教师的引导下相对独立地提出，并且，这些问题通过学生的探究活动是能够解决的。

2.猜想与假设

猜想与假设是一种重要的心智活动。它是针对问题，根据已有的知识经验对问题解决的可能方法、途径和答案的一种尝试。例如，对于"光照到物体会产生什么现象"这一问题，学生可能会作出光会被物体吸收、光可能会被物体反射回来等猜想与假设。猜想与假设具有或然性，需要进一步的实验验证或其他论证。

3.制订计划与设计实验

对猜想与假设的验证需要根据研究的具体问题，制订出可行的探究计划,包括探究的目的和已有的条件,探究的对象和变量的定义,探究的过程和具体的方法,以及如何有效搜集信息,等等。一般说来,物理探究式教学以实验为基础,因此需要设计实验,包括实验目的和原理、实验方法及器材、实验变量及其控制等都要做出具体的设计。

4.进行实验与搜集证据

依据设计的方案进行实验探究是学生获得实证数据的重要途径。在这个过程中,学生要根据实验要求,合理安装实验器材,安全操作实验仪器,对较复杂或没有使用过的仪器,能读懂说明书并正确操作,对实验中出现的故障能及时排除,还要能够根据实验情况调整实验方案。

在实验中,能正确操纵实验变量,正确观察实验现象,如实记录实验数据。

除实验之外,探究式教学往往还要通过其他途径和形式,如观察、调查,查阅文献等,搜集有价值的证据。

5.分析与论证

分析与论证是指学生运用分析比较、综合归纳等方法,对搜集的证据和实验数据进行处理、解释和描述,并尝试根据实验现象和数据得出结论。在这个过程中,探究者需要将探究的结果与自己已有的知识联系起来,通过论证找到事物的因果关系,形成对问题的科学解释,或提出新的观点和见解。

6.评估

评估是探究式教学不可缺少的环节。它是对探究计划的合理性实验结果与假设的差异性、证据搜集的周密性、操作过程的科学性等作出判断的过程。如果实验的结论与假设不吻合,需要在分析原因、吸取教训,总结经验基础上重新提出假设,或者改进探究方案。

7.交流与合作

合作与交流也是探究式教学的重要环节。一方面科学探究本身就离不开合作与交流,一个科学问题的探究往往需要在集思广益的合作与交流中完善探究计划,在角色扮演中实现探究的分工;另一方面,同一问题的探究也往往有不同的方法、不同的过程、不同的结论,这时就需要通过交流来识别各个研究方法、研究过程的优劣,来辨别每个研究结论的真伪和完备。在交流过程中,参与者不仅可以解释自己探究计划以及探究过程形成的见解,还需要认真听取他人的意见,通过对不同观点进行辩论,得到启发,学会尊重他人,从而体验交流与合作的意义。

从理论上讲,物理探究式教学应该包含以上几方面的环节,但具体实施过程中,它既可以是完整的也可以是灵活的,也就是说,既可以包括以上所有环节的活动,也可以是其中部分环节的活动,即便是活动的顺序也可以变换。

(三)物理探究式教学的形式

在探究式教学过程中,根据问题的难易程度、学生探究能力的强弱和学生知识水平的高低探究式教学可以有不同的活动方式。

1.导向性探究式教学

导向性探究式教学,是在教师充分研究学生的认知特点,认知水平和知识结构的基础上,创设问题情景,激发学生的学习兴趣与动机,引导学生提出问题,猜想、假设、实验验证或理性分析发现物理现象,物理概念、物理规律的本质,完成对已有知识和新知识的重组,实现新知识的意义构建。这种引导性的探究学习方式可以较好地克服探究学习费时的缺点,有效地发挥教师的指导作用。同时,由于在提出问题、猜想、假设、设计、实验验证、理性分析、评价交流的活动中教师的引导作用可以有不同的程度,学生自主探究程度也是不同的,因此从具体的教学活动来看,这种探究学习也是非常多样化的。

2.自主性探究式学习

自主性探究性学习是指学生通过完全自主的探究活动来进行学习的

过程。诸如观察、提出问题、猜测假定、制订探究计划、实验、论证、评价交流等探究活动都是学生主动地独立地和自主地完成。例如欧姆定律的教学,如果学生具备一定的独立的探究能力,则可以把欧姆定律的教学分解成两个自主性探究式学习:探究一定电阻上的电流跟两端电压的关系,探究一定电压下电流与电阻的关系,然后教师放手让学生相对独立地设计实验,选择实验器材,进行实验记录数据,分析处理数据,得出两个实验的结论;并把两个实验结论综合归纳出欧姆定律;最后进行欧姆定律的应用练习。

当然在大学物理探究式教学中,一般或多或少都离不开教师的作用,完全自主地探究学习是相对而言的。

第二节　大学物理教学质量提升的方法

大学物理课程是普通高等院校理工科专业开设的全校公共基础必修课。通过对该课程的学习,使学生重点掌握基本物理概念、物理思想和物理方法,从而培养学生分析问题、解决问题的科学思维,使学生具备基本的科学素质和人文素养。然而在实际教学反馈中,笔者发现学生学习大学物理课程时存在以下情况:第一,有部分学生中学物理基础差,甚至是零基础,比如,浙江省探索高考改革,在报考时,大部分学生在可能的情况下,都不选物理学科,这些学生在学习大学物理课程时有畏难情绪,甚至有抵触想法。第二,有部分学生认为大学物理课程教学内容与大中学物理大同小异,以至于学习起来兴趣不高,甚至片面地认为大学物理课程与所学的专业课没有任何关系,陷入了一种认知上的误区。第三,有些学生在学习之初对物理很感兴趣,但由于大学物理课程教学内容覆盖面广(包含力学、热学、电磁学、光学、近代物理学等),学时紧,随着课程内容的深入,有部分学生就跟不上教学节奏,慢慢地就成了课堂中的"低头一族"。

第四,有些学生仅仅是为了通过这门课程的考试而被动地学习,显然学习效果不佳。

基于上述情况,下面从教师教学和学生两个方面详细讨论如何提高大学物理教学质量。

一、教师教学方面

在国内以"大班教学"为主的基础课程教学中,教师起到主导作用。因此,教师不仅要在课前设计好课堂教学,在课堂教学实施中还要引导并组织好课堂学习。因此,在教师方面提高大学物理教学质量,就显得尤为重要。

(一)做好大学物理与中学物理的衔接工作

针对中学物理基础差甚至零基础的学生,为了消除他们学习大学物理课程的畏难情绪,重新建立起学习的信心,可开设《大学物理基础》选修课,做好大学物理与中学物理的有效衔接。该门选修课主要讲授以下三个方面内容。

1.中学物理的基本框架和知识点

教师从力学、热学、电磁学、光学等分支帮助学生重新梳理中学物理知识,让学生的物理基础从"零基础"到"有基础"。

2.《大学物理》与《中学物理》的区别和联系

为了让学生走出"大学物理仅仅是中学物理的简单重复"的认识误区,从教学内容、研究对象和研究手段这三个方面进行详细讲授。

3.矢量分析和微积分的意义及运用

常见的矢量分析包括了矢量的合成与分解、矢量的点乘(变力做功、电通量、磁通量、电场环流、磁场环流、电势等定义)、矢量的叉乘(力矩、角动量、洛伦兹力等定义)、矢量的混合运算(既有点乘又有叉乘,比如动生电动势的定义)、矢量的导数(速度和加速度的定义、刚体角动量定理的微分形式等)、矢量的积分(冲量和安培力的定义、电场和磁场的叠加法求解等),对于为什么要引入微积分来处理物理问题以及微积分的物理和几何意义(导数表示斜率,定积分表示曲边梯形面积),可以以变力做功、电场强度通量的计算为例进行讲解。至于微积分的运用特别是分离变量法的掌握,可以以变力作用下的质点动力学问题为切入点,在具体的计算过程中,要灵活地运用积分变量的转化、矢量积分转化标量积分、积分常量提出等技巧,使学生更深层次地理解微积分的本质。

(二)丰富课堂教学内容

针对学生学习大学物理课程的第二种现状——没兴趣和无用论,教师在课堂教学中可以适时加入学科前沿知识、物理学史和科学方法等方面的内容,起到锦上添花的作用。比如,当讲到"迈克尔逊干涉仪"这一节,可以给学生介绍2017年诺贝尔物理学奖获得者们做的研究——引力波探测;当讲到"光学仪器的分辨本领"这一节,可以给学生科普一下目前全世界已经建好的射电、光学、X射线、伽马射线望远镜等,特别值得一提的是中国已建好的500米口径球面射电望远镜FAST和2017年发射的"慧眼"硬X射线调制望远镜卫星。通过介绍这些科学前沿知识,扩充了学生的知识面,增强了课堂教学的吸引力。另外,教师还可以在课堂上见缝插针地适当引入物理学史方面的内容,比如,牛顿、麦克斯韦、爱因斯坦等物理学家的生平简介,以及力学、热学、电磁学、光学、近代物理等分支的发展史,有助于学生培养对自然科学的兴趣,树立辩证的科学发展观,提高自身的科学、人文素质。除此之外,教师在课堂教学中还可以讲授科学方法方面的内容。总结文献中有关大学物理教学中的常用科学方法,包括极限法、微积分的以直代曲法、分离变量法、旋转矢量法、模型法、从特殊到一般归纳推理法、猜想法、量纲分析法和对比法,这些科学方法和思想在自然科学、工程技术、经济与社会科学等领域中被广泛应用。当然,课堂上讲授科学前沿知识、物理学史和科学方法等内容的时间毕竟是有限的,还可专门开设"物理学史""太空探索""诺贝尔奖专题选讲""应用物理"等全校范围内的人文通识课,可以作为《大学物理》的很好补充。

（三）采取分级教学

由于学生物理基础参差不齐,随着课程教学的深入,有的学生跟不上,而有的学生又"吃不饱",为了达到更好的教学效果,大学物理课程有必要采取分级教学——将学生分成A、B、C三个层次,使用不同的教材授课、布置不同的作业和考试试题。A层次的学生,有扎实的物理和数学基础,对基本的物理思想、概念和方法有较强的接受能力和悟性。对该层次学生,期末考试除了注重考核基本物理概念和方法外,还要测试一定的提高题。B层次的学生,对学习大学物理课程有一定的兴趣,但是物理和数学基础不是很好,学习较难的章节内容时跟不上,容易失去信心。针对该层次学生,可自编讲义,在教材中适当删减理论推导等烦琐内容,如氢原子的量子理论等,适当降低部分内容的深度和难度,同时可适当增加"牛顿、爱因斯坦、宇宙的膨胀、等离子体及磁约束、量子计算机"等科学家生平介绍和科学前沿信息,以期激发学生的学习兴趣,扩充其知识面。在期末考核中,适当降低难度,注重考查基本物理概念和公式,考试试题在平常的作业基础上作小幅度的变化,考试通过率的提高可以帮助学生建立起学习的信心。C层次的学生,物理基础薄弱,对学习大学物理课程有恐惧心理和畏难情绪。针对该层次学生,除了日常教学用自编教材外,要求他们参加"预科班"——《大学物理基础》选修课。通过该门选修课的辅助学习,加强他们的物理和高等数学基础,尤其是矢量分析和微积分的运用,做好大学物理与中学物理的有效衔接,针对该层次学生的考核试题主要以平时布置的作业内容为主。[1]

（四）综合利用各种教学模式

目前,课堂教学模式普遍是多媒体教学和传统黑板板书教学相结合。多媒体教学利用计算机强大的文本、图像、动画、音频、视频等功能,可以直观形象地展示物理现象和物理过程,深受高校教师和学生的欢迎,它在

---

①李阳,毛红敏,程新利,等. 大学物理课程教学质量提升措施探索[J]. 科技视界,2022(21):86-88.

目前的教学模式中起到主导作用。但是,多媒体教学在教学内容、教学节奏、教学方法等方面也存在不足,如何改进多媒体教学的不足是高校教师在教学过程中不断摸索和实践的一个课题。在文献中有很多改进多媒体教学不足的具体措施,即教师要充分认识多媒体课件的优势和不足,要不断改善多媒体课件的制作,要把握好教学节奏,将传统的黑板板书教学模式与多媒体教学模式有机结合。随着智能手机的普及,移动式教学模式开始在课堂教学中出现,比如,超星公司推出的强大移动式教学平台——学习通 APP。该移动式教学平台功能非常强大,教师可以将课件、课程教纲、作业题目、教学视频等相关的教学内容上传到平台,学生可以在课堂及课后利用碎片化时间进行学习,并且随时随地学习。除此之外,最受教师和学生欢迎的是该 APP 的课堂教学活动功能,比如,"签到""投票/问卷""抢答""选人""作业/测验""直播""讨论""在线课堂"等,通过教师的精心组织和学生的全员参与,可极大地活跃课堂,翻转课堂,使学生真正地参与到教与学当中。移动式教学是对传统教学模式的变革,极大地拓展了教学空间,使学生可以进行跨越时空的学习,并且创新了全新的课堂模式,实现了充分的师生互动,有效打通了课内课外的界限。

当然,课堂教学的时间毕竟是有限的,教师还应该将课堂延伸到课外。教师平时可以利用网络工具在线答疑,并与学生聊天、谈心,及时掌握学生学习的最新动态和反馈,期中和期末可以开展集中答疑、教学问卷调查、分享学习心得等。

二、学生方面

教学离不开"教"与"学"两个方面。学生作为课程知识的接受者,在提高课程教学质量中也发挥着积极作用。

(一)从被动式学习到主观式学习的转变

在中学学习中,学生主要以被动式接受为主,紧紧围绕着以教师为核心的指挥棒。当然,这种学习模式比较单一,学生虽然说少走了弯路,但是学习效果不好,对知识理解不深、记得不牢,学习过程完全是被动的。

进入大学学习,由于教学内容多、学时少、教学节奏快,很显然,被动式学习已经不合适了,学生很容易跟不上教学进度。所以,学生要及时做好调整从被动式学习到主观式学习的转变。课前,学生可以参照课程大纲做好预习,了解这堂课的教学内容、重点和难点,做到心中有数,这样可以增强听课的针对性和目的性,更容易理解和掌握教师所讲授的内容,提高了学习效率。在课堂上,学生应该带着预习时的问题有的放矢去听课,做到全神贯注、学与思相结合,积极地消化教学的重、难点。课后,学生应该及时地做好复习,对当天所学的内容进行系统再学习,可以通过教材、参考书系统阅读,或与同学、老师讨论,真正弄懂其中的重点、难点和疑点,做到"温故而知新"。除了掌握课本知识点外,学生可以对本门课程的最新前沿进行调研,了解其动态,还可以参与教师的研究课题,进行研究性的学习,这样有利于学生养成良好的自主性、探索式的学习习惯。

(二)培养探索自然科学的兴趣和积极性

兴趣是最好的老师,兴趣是学习的原动力。斯蒂芬·威廉·霍金曾经说过:"记住要仰望星空,不要低头看脚下,无论生活多么艰难,都要保持一颗好奇心。"可见,学生应该从小培养探索自然科学的兴趣。教师可引导学生通过了解科学家的生平简历和研究科学问题的历程,科学家坚持不懈、百折不挠的科学精神与科学态度,可以激励学生为追求科学真理去努力、去奋斗;教师可引导学生通读自然科学发展史,从中汲取科学文化的营养,树立人生远大的志向和目标;老师也可以引导学生关注自然科学发展的最新前沿动态,从而让学生明确自己的奋斗目标,为人类科学的进步与发展贡献自己的一份力量。总之,学生有了浓厚的学习兴趣,就可以不畏艰难困苦,深入钻研学好每门课程,可以做到在学习中快乐,在快乐中学习。

教学质量是教学的生命线,是所有教学改革的出发点和归宿。如何提高大学物理教学质量,是大学物理教师要不断思考和探索的课题之一。以上从教师和学生两个层面分别给出了提高大学物理教学质量的措施和对策,希望能为高校开展大学物理教学提供一些参考。

第五章　大学物理教学的实施

第一节　大学物理教学设计

一、大学物理教学设计的内容和方法

（一）大学物理教学设计的内容

2023年版的《理工科类大学物理课程教学基本要求》（以下简称《基本要求》）将大学物理课程定位为"高等学校理工科各专业学生一门重要的通识性必修基础课"。该课程的教学目标为"通过大学物理课程的教学，应使学生对物理学的基本概念、基本理论和基本方法有比较系统的认知和正确的理解，为进一步学习打下坚实的基础。在大学物理课程的各个教学环节中，都应在传授知识的同时，注重学生分析问题和解决问题能力的培养，注重学生探索精神和创新意识的培养，努力实现学生知识、能力、素质的协调发展"。

在教学内容方面，《基本要求》提出了"保证基本知识结构的系统性、完整性"的要求，并在此基础上将大学物理教学内容分为核心内容（A类内容）和扩展内容（B类内容），以及"新知识窗口"三大部分，其中核心内容包含了力学、振动和波、热学、电磁学、光学、狭义相对论和量子物理基础在内的七部分内容，共计74个知识点。如果将《基本要求》的核心内容与《普通高中物理课程标准》（以下简称《新课标》）中规定的教学内容作比较，可以发现，除了少数概念在中学阶段未提及，大学物理核心内容中大部分内

容均在高中物理学习内容范围内,但在认知程度和应用程度上有所区别。这就导致很多学生甚至某些教师都把大学物理定位在"利用微积分等数学工具,结合高中物理学习内容去求解难度更大的习题"。这一定位,将大学物理课程沦为高等数学的实践课程,明显偏离了大学物理课程的教学目标,不利于大学物理课程发挥其能力培养和素质培养的功能。

另外,由于《新课标》的教学内容分为必修模块和选修模块,但是部分地区高中阶段物理课程的内容广度并没有达到《新课标》的要求,这导致各个大学中学生的物理知识基础存在较大的差异。

高等院校大学物理课程内容怎样与高中物理《新课标》中的内容有机衔接,实现深度和广度上的延续,同时避免不必要的重复,以及如何深化大学物理课程的作用和功能,更好地培养学生分析问题和解决问题的能力,培养学生的探索和创新意识,是近几年来大学物理教师面临的重要挑战。

通过多年的教学研讨和实践经历,结合学校的本科生培养目标,将大学物理教学目标定位为"保证物理知识体系完整性的同时,进一步加强大学物理课程对学生科学思维模式的培养,引导学生进行自主学习和研究性学习,传递物理文化和物理思想的功能"。为了实现这一目标,详细地比较了《新课标》和《基本要求》的差异,将《基本要求》中的核心内容(A类内容)分解成基础知识模块、深化知识模块、新知识模块和物理思维培养模块四个基本模块,并针对每个模块进行了具体化的教学设计。

1.基础知识模块

基础知识模块主要包括《新课标》选修模块中与大学物理课程体系基本要求重合部分的内容。由于高中阶段学生选修模块的学习程度不同,所以学生对部分知识的掌握有一定的差异。为了满足《基本要求》中"应使学生对物理学的基本概念、基本理论和基本方法有比较系统的认知和正确的理解"这一要求,大学物理课程必须能够弥补不同地区高中物理教学差异。从这个意义上说,大学物理教学起点需要降低。一方面,这会导致大学物理课时数的增加(这在大规模压缩学时的趋势下显然是不现实的),另一方面对高中阶段已经选修过该模块的学生也不公平。如何进行这一模块的教学,是目前大学物理教学的难点。

同时,本书提出基于基础知识模块建设"基础物理——大学物理预修MOOC"的计划,希望能够通过这方面的探索为该模块的教学开辟新途径。要求学生在学习大学物理前,完成大学物理预修MOOC课程的学习,并取得相关证书或学分。这种方式不仅可以有效减小学生之间的物理知识基础差异,还能达到培养学生自主学习能力的目标。

2.深化知识模块

深化知识模块主要指在《基本要求》A类内容中,与《新课标》所涉及的知识点有紧密联系,但对深度和难度有更高要求的知识点。比如,在力学部分,需配合矢量运算、微积分等数学工具解决更接近实际的复杂问题;电磁学部分,解决非均匀场、存在电介质(或磁介质)时的非真空场问题;振动和波部分,定量地描述波的能量和干涉现象;热学部分,速率分布函数的数学表述及三种统计速率、典型热力学过程的定量描述、宏观量与微观量之间的定量关系;光学部分,几何光学、干涉、衍射及偏振的定量描述;近代物理部分,建立物理波粒二象性和量子化概念的思维过程,更深层次理解波函数的统计意义并学会应用波函数等。此模块的内容,学生在高中阶段或在基础知识模块中都接触过,但是仅限于"了解、知道"的层次,而且多数概念不涉及定量描述。而在《基本要求》中则要求对这部分知识达到"理解、掌握"并会"应用"的程度。

针对深化知识模块所涉及的内容,需要在深度解读概念的基础上,在课堂教学中多选择一些难度适当的例题。例题选取应本着"可利用微积分等数学工具来解决更接近实际的复杂问题"的原则,培养学生区分主次矛盾、用物理知识解决实际问题的能力。在这一模块的课堂教学中,应引入适当数量的演示实验,在教师的指导下实现演示实验的验证性、启发性和科学性的功能,发挥"培养学生的认识能力,激发学生的创新意识"的作用。

3.新知识模块

新知识模块主要指《新课标》中未提及,《基本要求》中属于A类内容的知识点。力学部分包括非惯性和惯性力、质心与质心运动定律、刚体定轴转动、角动量和角动量守恒;电磁学部分包括环路定理、电流密度、感生电动势和涡旋电场、电场和磁场的能量、麦克斯韦电磁方程组的微分形式;振动和波部分包括旋转矢量法描述简谐运动、简谐运动的合成、能流密度、相位突变;光学部分包括光源的相干性、光栅衍射;热学部分包括卡诺循环、熵和熵增加原理、能量按自由度均分定理、气体分子的平均碰撞频率和平均自由程;近代物理部分包括狭义相对论的两个基本假设、洛伦兹坐标变换和速度变换、黑体辐射、波函数及其概率解释、不确定关系、薛定谔方程及其应用、电子自旋。

由于这一模块涉及的知识点均为全新内容,学生理解和接受起来存在一定的困难,因此在进行教学设计时,建议以教师详细讲授为主,同时,要随时了解学生对知识点的掌握情况,及时调整教学进度和教学计划,在这一模块的教学过程中,增加了"课堂应答反馈"环节,对学生进行随堂测试,同时为学生提供备选论文题目,指导学生对某一知识点进行深入探讨并完成开放探索式作业。最后,将这两部分成绩并入课程总成绩,进一步探索累加式考试的新途径。

考虑到不同学生的理解能力和接受能力不同,在有限的学时中教师的课堂教学基本上以照顾中等水平的学生为原则,很难做到全面照顾。因此在这一模块学习过程中,可以建议学生借助网络精品开放课程、MOOC课程等进行自主式学习,提倡"走出课堂学习"的教育思想,引导学生根据自己的需求进行复习或是深入学习。

4.物理思维培养模块

物理思维培养模块主要包括:基本概念或知识的演化过程能够反映物理学研究方法和物理思维方式的内容。例如,模型思维培养模块包括质点、刚体和理想流体、电流元、点电荷、理想气体、简谐振动等概念;对称性思维培养模块包括电场和磁场理论的建立、物质波粒二象性的提出等;定性半定量思维培养模块包括电流密度与电场强度和磁场强度的关系等;对比性思维培养模块包括电流与水流对比、静电力与万有引力对比、薛定谔方程的建立等;批判思维培养模块包括狭义相对论时空观的建立、电子自旋的提出等。

对物理思维培养模块的教学设计,本着以下三个原则进行:第一,要强调物理思想,弱化单纯的数学推导,在教学过程中强化物理思维。第二,教学过程要展现物理学的美,通过阐述物理学的理性美、简洁美、和谐统一之美来渗透物理思维。第三,在大学物理课程中引入物理学史、前沿科学等多方面的内容,在拓展知识内容、增强知识趣味性的同时,挖掘这些内容所蕴含的物理学思维模式和发现及解决问题的方法。

对大学物理教学内容进行模块化处理,并为每个模块设定教学目标和实现该目标的手段,既保证了大学物理知识体系的完整性,又能在有限的学时内,充分体现"加强大学物理基础,增强学生发展潜力"的教学目标。在以后的工作中,还会对《基本要求》中的扩展内容(B类内容)和自选专题类内容进行模块化处理,进一步将大学物理课程的功能具体化。希望通过这一工作,为大学物理课程教学提供更多可行的应对方案。

(二)大学物理教学设计的方法

大学物理是高校最重要的公共基础课程之一,涵盖了自然科学中最基本的概念、原理和方法,学习大学物理有利于学生建立科学的世界观。公共基础课程的特点是内容多、覆盖广,如何通过最经济、最便捷的教学方法实施教学,显著提高课程教学效益,是研究者一直以来关注的课题。目前,教学内容体系已经基本固定,教学辅助手段也基本完善,教学资源也已得到有效建设,作者从人本角度出发,谈谈结合建构主义开展大学物理教学设计的体会。

1.建构主义的基本观点及其倡导的教学方法

建构主义的代表人物杰罗姆·布鲁纳是哈佛大学的教授,杰出的教育心理学家。布鲁纳认为,学习的实质是一个人把同类事物联系起来,并把它们组织成赋予它们意义的结构。学习就是认知结构的组织和重新组织。知识的学习就是在学生的头脑中形成各个学科知识的结构。因此,他主张"不论我们选教什么学科,务必使学生理解该学科的基本结构"。比如物理学,其基本结构就是基本概念、基本原理及基本态度和方法。

有关知识建构的具体过程,在布鲁纳看来,一个人理解和掌握新知识的方式依赖于他的信息分类和联系的方式,这种方式构成了一个人知识结构的编码方式。编码过程就是把新知识合并到概括化的知识结构中的过程。编码方式有两种:一种是按照某种逻辑关系或逻辑原理进行编码,另一种是归纳编码。如果学生能够较好地运用这些编码方式,学习效率则会得到有效提高。

从教学的角度看,教师不能逐个地教给学生每个事物遵循的规律,重要的是使学生理解掌握那些核心的基本概念、原理、态度和方法,抓住它们之间的联系,并将其他知识与这些基本结构逻辑联系起来,形成一个有联系的整体,即理解事物的最佳认知结构。因此教学任务之一就是引导学生形成这种认知结构。布鲁纳认为,教学要考虑学生在学习中的意向,即教学内容要与学生的求知欲望有关联,将所教的东西转变成学生所求的东西,变被动的教学过程为学生主动学习的过程;同时教师要善于把所教的内容转换成与学生的思想有关联的知识,使学生既获得知识,又掌握获得知识的方法。[①]

为了使学生能够体会并顺利进入学习的编码过程,教师必须对教学内容进行最佳组织。这种对教学内容的组织依据以下三条原则:一是表现方式的适应性原则,学科知识结构的呈现方式必须与学生的认知学习模式相适应;二是表现方式的经济性原则,任何学科内容都应该按最经济的原则进行排列,在有利于学生认知学习的前提下合理地简略;三是表现方式有效性原则,经过简略的学科知识结构应该有利于学生的学习迁移。

---

①佟魁星.文化视角下的物理课程[J].人民教育,2021(21):79.

2.基于建构主义的大学物理教学内容设计

大学物理是本科教学中一门重要的基础课程,这门基础课程的课程结构相对庞大,要想有效提高学生的学习效率就需要按照建构主义教学模式对教学内容进行设计。结合上文所述教学内容组织三原则,具体设计体现如下。

(1)适应性原则

大学物理内容多、覆盖广,介绍学科知识时要按由浅入深、由形象到抽象、由特殊到一般的逻辑来进行,要与学生的认知学习模式相适应。

力学部分的研究对象包括质点和质点系,物理规律的表达形式是统一的,首先解释清楚公式的内涵,再通过举例,将研究从简单熟悉的质点问题带入复杂生疏的质点系问题。物理是一门实证性的学科,将许多实验、视频、动画等的演示纳入课堂教学内容,或以生活中熟悉的现象和话题作为引言内容,符合学生喜欢从实际切入的认知学习模式。例如:用常平架实验仪演示角动量守恒定律,进而拓展到机械陀螺仪的工作原理;用动画演示光波干涉和衍射的原理,进而解释光栅光谱仪的工作原理;用思想实验演示相对论时空性质,进而解释抽象的洛伦兹变换等。又如以肥皂膜在阳光下呈现出彩色条纹、照相机镜头在阳光下呈现紫色等话题,巧妙地带领学生进入知识学习的思考环境,研究问题的物理原理和一般性表达。

(2)经济性原则

作为公共基础课程,大学物理的学时数是有限的,要在课程中将物理学最核心的知识和方法呈现出来,必须在内容的选择和排列上做合理简化。

力学部分的内容是学生们最为熟悉的,且已经建立了完整的理论框架,重点就可以选择放在"力学定理微分和积分形式意义的说明"和"一般性问题处理的原则"两部分内容上,将平动问题与转动问题分开,将有关角动量定理和角动量守恒定律的内容安排在刚体定轴转动前学习,以利于学生将对平动规律的理解迁移到转动规律的理解。将机械振动内容作为牛顿运动定律在线性恢复力作用下的应用引入,再将干涉作为波叠加的特例引入、驻波作为干涉的特例引入,在机械波部分内容的衔接上比较合理。热力学的概念和定律总有宏观解释和微观解释,将热力学第二定律一节设计为"定律表述—微观意义—微观熵—宏观熵",这样的顺序组织最为经济,相关知识衔接合理,方便学生理解热力学第二定律和熵的内涵,也方便拓展到能量的退化、时间的方向等与熵增有关的话题。

(3)有效性原则

大学物理知识结构性很强,在课程中引导学生将各部分内容与基本结构按一定逻辑联系起来,形成一个有联系的整体,能够提高知识学习的迁移效率。

量子物理基础部分的内容,是以一门新学问由概念颠覆到新理论建立的逻辑贯穿:从对辐射实验规律的总结提出"能量子"概念;利用光电效应实验和康普顿散射实验规律的总结证实光有"波粒二象性";将"能量量子化"概念用于原子有核模型成功解释氢原子光谱实验规律,提出早期氢原子结构理论;提出并证实普遍的微观粒子波粒二象性关系;提出微观过程的"不确定关系";建立量子力学基础理论。又如,热力学第一定律一章的内容,以从理论到应用的逻辑贯穿:热力学过程中与能量转换有关的基本概念;热力学过程中关于能量守恒的热力学第一定律;等温、等容、等压和绝热等基本热力学过程中的能量转换分析;循环过程中的能量转换分析及热机效率。再如,相对论基础中有关相对论时空性质片段的内容,是以从理想实验到理论抽象的逻辑贯穿:首先从动画演示的爱因斯坦火车闪光思想实验提出"同时性的相对性"和"时间度量的相对性"的概念,破除人们头脑中时间的测量与运动无关的经典概念,再由理想实验推导得出与时间、长度测量有关的"动钟延缓"和"动尺收缩"的数学表达,建立相对论时空观,从而正确理解洛伦兹变换式、解释高能物理实验现象。大学物理课程内容体系中的每一部分、每一章和每一节都具有一定的逻辑性,厘清其中的逻辑性,对帮助学生构建理解事物的最佳认知结构极为有效。

3.基于建构主义的大学物理教学过程设计

大学物理课程的学习对象是已经具备了一些物理基础知识的大学生，因此学习该课程的过程，就是把新知识合并到已概括的知识结构中的过程。按照人的信息分类和联系的方式，合并新知识有按逻辑关系编码和归纳编码两种方式。下面举例说明建构主义学习理论在课程的教学过程设计中的具体体现。

就具体内容而言，电磁学部分中静电场和稳恒磁场两章内容、感应电场和位移电流两节内容、电容和电感两个片段内容，从研究问题的方法论上看都是一致的，从逻辑上进行对比介绍，学习对象接受较快；能够同样处理的有力学部分中有关动量与角动量基本规律的内容和理想模型下质点的平动与刚体的转动的内容。波动光学中对多光束干涉和光衍射的分析，都是建立在同一模型基础上，即频率相同，振动方向相同，振幅相等，相位依次相差一个固定值的多个振动的叠加，研究问题的出发点相同，数学分析手段相同，只是因为相位差固定值不同取近似时有差别，故有干涉因子和衍射因子的不同，这样的比较性提示更有利于学习对象接受。另外，借水轮机利用水位落差中的机械势能变化做功类比热机利用有温差时分子内能变化做功；用流线描述流速场中流体运动规律类比用场线描述电磁场中电磁性质规律，以及"源""旋"等概念的运用，等等。跨学科类比曾启发物理学家发现物质运动的新规律，也同样能启发学生建立学科知识的新结构。

概括是通过梳理内容完成总结提炼。如力学中有关平动物体动力学规律的内容，可将需要掌握的内容概括为两点：一是牛顿第二定律，这是一个瞬时规律，反映了力与运动的基本关系，原则上可以依据初始条件解决各类问题，但有些问题处理过程比较烦琐；二是牛顿第二定律的两个演绎，分别是力对时间累积与运动的关系和力对位移累积与运动的关系，即动量定理和动能定理，都分别有微分形式和积分形式，特别是在合外力为零和只有保守力做功的情况下，两个定理继续演绎为动量守恒定律和机械能守恒定律。清楚这一理论结构,处理问题时就能做出最合理简约的选择。又如,光衍射一章,可将需要掌握的内容归纳为两点:一是光衍射现象的物理原理,着重于根据干涉理论基本原理建立数学模型,具体有菲涅尔半波带法、振幅矢量法等光强分析方法,从而对单缝、圆孔和光栅等系统的衍射现象作出理论解释;二是科学原理的技术应用,着重讲授有圆孔的光学仪器,如照相机、望远镜等,以及光栅的工作原理和分辨本领一类性能参数,从而使学生学会选择使用和评价光学仪器。再如,热力学第二定律中玻尔兹曼熵一节中,也可将需要掌握的内容归纳为两点:一是熵的概念,从4个分子分布的理想实验中抽象出热力学概率的定义,即与宏观状态对应的微观状态数,用热力学概率定义态函数玻尔兹曼熵,从而理解热力学系统的任何状态都有一个确定的熵值,熵可作为评价热力学系统的参量;二是熵增加原理,即热力学第二定律的数学表达,从而理解对于一个热力学系统,平衡态的熵值最大,因此出现的概率最大,不可逆过程实质是存在状态上的差别,热力学系统总是向熵增加的方向进行且以压倒性优势向平衡态过渡,如绝热自由膨胀。通过概括方式能将熵这一概念的内涵提炼出来。

4.效果分析

教学的最终目的是使教学内容内化为学生自己的知识结构,由此学习者才能自由存取利用所学过的知识。调查显示,基于建构主义设计和组织大学物理课程教学,学生明显的收获是既可以对感兴趣的知识片段进行拓展研究,又便于存取利用已被内化为知识结构的知识,直接的效果是测评成绩的提高,此外,后期参与学科竞赛的人数也逐渐增多。总结起来,基于建构主义设计和组织大学物理教学有以下好处:①了解了学科的基本结构或它的逻辑组织,学生就能理解这门学科;②掌握了基本概念和基本原理,学生就能把学习内容迁移到其他情境中去;③了解了教学内容的内在逻辑性,学生更容易理解和记忆具体的知识细节;④对知识结构进行合适的陈述,学生更容易完成从初级知识向高级知识的过渡。

基于建构主义设计和组织教学,符合学生构建知识结构的需要,能够提高学生的学习主动性和学习效率,进而激发学生的智慧潜能,学生在学习过程中不仅能够接收信息和组织信息,而且能够超越一定的信息,获得发现知识的经验和方法,即有所创造。就教师而言,教学过程是一种对知识进行重新整理组织的再现过程,教师把所教知识设计转化成适合于学生进行知识建构的形式也是一项创造性任务。

二、大学物理基本课型教学设计

(一)精讲、略讲与学生自学相结合,培养学生自学能力

教师在教学时应引起学生的好奇心,激发他们的求知欲,做学生学习的促进者,让学习不再成为他们的负担,而是他们的愿望。强调能力和素质的培养,将以教师为中心、以传授知识为主变为以学生为中心、以培养能力为主,帮助学生掌握正确的学习方法。通过有计划地训练,使学生独自获取新知识的能力大大地提高。从强调依靠教师"教会",转变为引导学生"学会",从学生被动的"要我学",转变成学生主动的"我要学",充分发挥学生的主观能动性,重视学生学习过程中的非智力因素所起的作用。

教学方法上采用"启发式教学"并尝试"讨论式教学",充分发挥学生学习的主动性,增进教与学的交流;对有些违背常理的结论,可先提出结论,牢牢吸引学生的注意力,激发学生去探求原理的欲望;使学生能积极主动地投入学习过程中,通过各种方式和方法激发学生的学习兴趣,调动学生学习的积极性;依据学生的差异进行指导,对不同的学生采取不同的管理方法,试行"弹性管理,宽严结合,一手抓、一手放"的做法,使得能力较强且能自我管理的学生有更大的自由度,即"放";对于能力较低、自觉性较差的学生进行严格管理,即"抓"。课堂时间主要精讲重点、难点、思路和方法,对有些内容和推导则略讲或不讲,留给学生自学,这不仅大大减少了授课时间,更重要的是发挥了学生学习的主动性,提高了学生的自学能力。要加强与学生的情感交流,鼓励学生多思考,敢于对事物做出独立的判断,引导学生从不同侧面、以不同方式去思考问题,教师要对学生

的思维过程进行引导,及时发现一些典型错误,引导学生去分析这些错误所导致的后果,然后再回到正确的轨道上来。无论学生的判断离科学实际有多远,教师都要给予鼓励,并逐步培养学生从单一思维向综合思维发展,让学生体验到独立思考的成就感,在成功中体验学习的乐趣。

(二)注重思维训练,提高创新素质

在大学物理的教学中,注重思维训练,努力提高学生的创新素质,并将思维训练贯穿于物理学习的全过程:①正向思维与逆向思维相结合,如电磁学中的电生磁与磁生电,解题时的正推法和倒推法等。②求同思维与求异思维相结合,如通过对振动与波动、干涉与衍射、质点与刚体、电场与磁场进行比较,明确相关知识之间的联系与区别。③发散思维与集中思维相结合,如在习题教学中跳出题海战术的误区,通过一题多解,使学生学会从不同角度、运用不同方法来分析解决同一问题。④定性与定量相结合,如波动光学中定性分析干涉条纹形状与定量计算条纹间距相结合等。⑤宏观与微观相结合,如电磁学中通电导线受到磁场的安培力和运动电荷受到的洛伦兹力的联系。⑥整体与局部相结合,如从点电荷的电场到带电体的电场,从电流元的磁场到通电导线的磁场等。

(三)力求基础物理教学现代化

为了使课堂教学更加生动、形象,提高学生的学习积极性,除了采用常规的挂图、演示手段外,还可采用多媒体教学手段,其突出的教学效果是:生动直观、信息量大,改变了过去粉笔加黑板的教学模式。利用多媒体软件将授课内容制作成电子教案,可以节省大量写板书和画图的时间,缓解了学时少、教学内容多的矛盾,在一定程度上增加了授课信息量,特别是许多用语言和静态图画不易解释清楚的内容,利用动画技术进行模拟,简单明了,学生一看就明白。同时也可以使课堂教学变得生动、形象,从而提高学生学习物理的积极性,增强教学效果,提升教学质量。

大学基础物理课的教学改革,既能解决教学时数少、教学内容多的矛盾,又能提高学生自学能力,进而提高教学质量。实践表明,只有全方位的教学改革,才能巩固大学物理的基础地位,使学生在学完大学物理之后,其思维能力和解决实际问题的能力有显著的提高,为今后的专业课程和社会实践活动奠定坚实的基础。

三、大学物理教学说课设计

说课是在教学设计的基础上派生出来的一种教研活动形式。说课不仅要说设计,更要说设计的理论依据,它能促进教师提升理论指导实践的意识和水平。说课不仅要阐述教学的过程,而且要与同行或专家进行互动与交流,反思教学中存在的问题并探索改进教学方法和提升教学有效性的途径。实践证明,说课活动对于提高教师教学水平具有重要的作用。

(一)说课概述

1.说课的内涵和特点

(1)说课的内涵

说课即授课教师口头表述所授课题的教学设想和理论依据,是教师在完成备课之后,面对同行和教研人员讲述自己的教学设计,然后由同行和教研人员进行评说,达到相互交流、共同提高的目的,是一种教学研究和师资培训活动。通俗地讲,说课其实就是授课教师说明要讲授什么,如何讲授,为何要这样讲授。它是一种说理性活动。

说课,不能简单地停留在对教学设计或教学实施的描述和预测上,重要的是要解释教学设计或教学实施的原因和理由。说课,要明确地阐述教学设计所遵循的实践或理论依据,这样才能真实地传递说课者的教学设计思想,为进一步的交流学习打下基础。说课不仅要说"怎么教",还要有理有据地讲"为什么这样教"。说课是一种同行之间交流经验的教研活动,是说自己对教学设计或教学实施的认识,这种认识只有通过说课者对课程标准、学习任务、学习者、自身教学能力等多方面因素进行综合考虑之后才能得出。

(2)说课的特点

说课名为"说",其实也是一种研究,并且要将研究结果向他人呈现出来,进行交流。因此,说课多采用面向同行报告式的陈述语言,而不采用面向学生的启发引导式的教学语言。说课具有简便、灵活的特点。说其简便,是指说课对教学资源的要求不高,几个人在一起花上几十分钟,就可以完成一次说课与评价交流;说其灵活,是指可以根据实际的需要调整说课的方式和内容,而不一定是对一节课进行完整的论说。例如,有时可以说"如何创设教学情境",有时可以说"某道物理习题的意图和价值",等等。

2.说课的类别

说课已成为教学研究活动的一个重要组成部分,因教研活动的目的不同、要求不同,常有不同的分类方法。说课可以分为课前说课和课后说课,也可以分为研讨型说课与展现型说课。

(1)课前说课

课前说课是在备课后、上课前进行的,这种说课在描述和解释教学设计的基础上,还要注重对课堂教学过程和结果的预测。通常提到说课而不加特别说明时,就是指这种课前说课。

(2)课后说课

课后说课是在上课后进行的,除了阐述教学设计和过程外,它特别注重对上课的反思,包括教学策略运用的效果、对原教学设计意图的达成情况、原教学设计的不足和改进的措施等等。

(3)研讨型说课

研讨型说课重在研讨,说课者与听课者围绕着教学设计,对学前分析的准确性、教学理念的先进性、教学内容的适当性、教学方法的合理性、教学手段的针对性等多个方面或其中的某个方面进行研讨,以达到加深教学认识、完善教学设计的目的。所选择的研讨点通常要么是有争议的,要么是有特别价值的。

(4)展现型说课

展现型说课则重在展现,说课者展现自己对教学设计或说课规范的把握,听课者通常以学习者、评价者、仲裁者或考核者的面目出现。展现型说课在具体的组织形式上,可以是在充分准备基础上的"胸有成竹"式说课,也可以是几乎无准备时间的"即兴演讲"式说课。

(二)大学物理教学说课内容

1.点明课题

点明课题是指开门见山地直接点明要说的课题,主要包括以下几方面的内容:一是课题及章节,包括课题名称,课题取自什么教材的第几章第几节;二是课的类型,它是概念课还是规律课,是新授课还是复习课,是讲授课还是实验课,等等;三是上课的对象;四是课时,即1个课时还是2个课时,等等。①

2.说教材、说学情、说目标和重难点

(1)说教材

教材是教学大纲的具体化,是教师教、学生学的具体材料,因此,说课首先要求教师说教材。主要说所讲授教材的内容和作用,分析所讲授内容在整个教材中所处的地位和前后联系,分析教学重点和教学难点等。必要的时候,还要对教材进行一定程度的调整与改编,并说明这种调整与改编的理由和依据。

(2)说学情

分析学生认知水平、思维能力、学习风格、个性特征、学习动机和学生习惯等方面的特点,特别要说明学生对相关内容进行学习时的准备情况,如学生已有的知识体系、能力水平和学习情绪等。在说课中,要注意结合具体的学习任务,有针对性地分析学情,而不是停留在笼统、抽象的论述上。

(3)说目标

说教学目标,一要注意教学目标内容的全面性,要在教学内容和学情

---

①翁华,杨晓华,黄柳华.物理教学与学习兴趣培养研究[M].长春:吉林人民出版社,2020.

分析的基础上，全面阐述知识与技能、过程与方法、情感态度与价值观等目标；二要注意教学目标的全体性，所定的目标要与绝大多数学生能够达到的水平相适应，要考虑包括中下水平在内的全体学生的接受能力；三要注意教学目标的层次性，知识与技能、过程与方法、情感态度与价值观三个维度的目标都有不同的层次，如知识与技能的目标有"识记""理解""运用"等层次，要根据教学课题与学生实际，适当地制定教学目标。说教学目标切忌脱离课题和学生，避免说大话、说空话。

（4）说重点和难点

说重点和难点，一是要说哪些是重点和难点，物理基本概念规律、重要的技能、能力和方法、科学的态度和情感等物理学精髓常常是教学的重点，而物理学中比较抽象的、远离学生生活经验的、逻辑与推理比较复杂的、过程比较烦琐的内容则往往是教学的难点；二是要说明它们为什么是重点或难点，所依据的理由往往可以从内容本身的特点、学生的接受能力等方面出发进行阐述；三是要说清如何突出重点、怎样突破难点。

3. 说教学过程

说教学过程是说课的重要部分，它反映了教师的教学思想、教学个性和教学风格，通过这一过程的分析能看到说课者独具匠心的教学安排。通过说课者对教学过程的阐述，也能看到其教学安排是否科学合理。说教学过程需要说清楚三个问题：一是说教法和学法，即每个环节中师生双方的主要活动，包括教师的创设情境、引导、应变、板书、呈现、布置作业等教学行为与意图，以及预期学生相应的观察、提问、猜想、实验、推理、评价、交流等学习活动。二是说教学手段和采用这些手段的依据。教法、学法和手段的选择和运用，一般可以从现代教学思想、课程理念、有效教学理论中找到理论依据，还要结合对具体教学内容、教学对象、教学任务的分析等找到实践依据。三要说检测预期教学目标的达成途径，比如，如何检查知识目标的达成，如何检查能力目标的达成，如何检查态度情感目标的达成，等等。说教学过程，要从教学内容和学生实际出发，结合重点和难点的突破,围绕教学目标的达成,简明扼要地进行论述,切忌流水账式的陈述。最后展示板书设计。

4.说整体设计

说整体设计,一要说教学设计的总体思想。这种设计的总体思想可以反映出说课者的教学思想和教学理念的先进性和针对性,它主要是在学习和领悟物理课程目标、物理课程基本理念、物理探究式教学理论和其他现代教学理论的基础上,通过实践反思形成的说课者的教学智慧,对具体课程的设计有决定性的指导作用,如"自主、探究、合作"学习理论常常成为许多物理课程设计的理论依据。二要说教学的程序和环节。教学程序和环节既是教学设计思想的具体化,又具有一定的概括性,应当结合具体课题的性质来确定这种程序和环节,如针对探究性课题,可以分为创设情境、提出问题、启发思考、实施探究、交流评价;针对复习课则可以分为知识回顾、典型例题、总结归纳,等等。

(三)大学物理教学说课应遵循的原则

1.说课要突出理论且说理要精辟

说课的关键在于说理,也就是要说清为什么要进行这样的教学设计。没有理论指导的教学实践,只能算是经验型的教学,其结果是高消耗、低效率。所以,要说好课,授课教师必须加强理论学习,熟知教育教学规律,同时具备扎实的专业基础、又能充分考虑学生的成长规律,并适时主动接受教育和教学改革研究的新成果。

2.说课要客观且可操作性要强

说课的内容必须科学合理、真实客观,不能故弄玄虚,生搬硬套一些教育教学原理。要真实地反映自己将怎样做、为何要这样做,要能引起学生的思考,通过相互交流,进而完善说者的教学设计。说课是服务于课堂教学实践的,说课中的每一环节都应具有可操作性,如果说课只是为说而说,而不能落实在具体的教学实践中,就会使说课流于形式,使说课变成夸夸其谈的花架子。

3.说课要简练准确且紧凑连贯

说课的语言应具有较强的针对性,语言表达要简练干脆,不要拘谨,要有声有色,灵活多变,既要把问题论述清楚,又切忌过长,避免陈词滥调、泛泛而谈,力求言简意赅,文辞准确,前后连贯紧凑,过渡流畅自然。

说课是教学研究的重要内容,是提升教师课堂教学水平、提高教学质量的重要途径之一。要说好课,教师必须认真钻研教材,仔细阅读教学大纲,了解并研究学生的实际情况,精心设计教学过程。

第二节　大学物理教学策略

一、优化物理教学过程

在科学技术快速发展的时代,更新教育思想、转变教育观念、实施教育改革、倡导素质教育,是民族振兴、国力增强、社会繁荣的需要,是实现社会主义现代化的需要,是实施科教兴国战略的需要,也是教育自身改革和发展的需要。

实施素质教育,课堂教学是主渠道,抓住课堂教学这个中心环节,结合素质教育的精神实质,开展优化物理教学的研究,是有效地推进素质教育在物理教学中得以实施的关键。要把物理课堂教学作为一个整体性的,师生相互作用的动态过程来研究,让物理课堂教学焕发出生机和活力。物理难学已是一个由来已久的问题,究其原因是没有优化物理教学过程的结果,过去的物理教学过程,注重知识传授而忽视能力培养,注重教师的教而忽视学生的学,视教师为主导而不把学生视为主体,因此优化物理教学过程已是一个必须解决的问题。

(一)优化物理教学过程的意义

教学过程,是指教师为完成教育教学任务而进行的一系列活动,主要包括制定教学目的、编拟教学过程、选择教学方法、组合教学手段等。优化物理教学是指教师在一定的世界观和方法论的指导下,用动态的观点,依据人类社会发展的需要,结合学生的实际(如知识水平、身体素质、心理特征等)和教材内容,运用现代化教育观念、教育思想、教育理论去制定教学目标、编拟教学过程、选择教学方法、组合教学手段等。优化物理教学过程,就是在教学实践中,既重视知识传播,又重视方法指导、能力培养和心理调整,帮助学生形成科学的思想、方法和精神。掌握知识和积累知识固然重要,但在吸取知识过程中形成的思想观念、方法及精神、品质和意志,比知识本身更为重要。知识是无止境的,因此,物理教学,不但要"授人以鱼",还要"授人以渔"。要尽可能更好地满足未来社会和学生全面发展的需要,使学生乐学、好学、善学。

(二)优化物理教学过程的内容

1.优化教学目标

不同的教学内容应有其不同的教学目标,要依据教学大纲、教材体系和社会需要,既要确定基础素质的培养,又要有能力培养,使学生所收获的不仅是物理知识本身,而更重要的是学习物理的方法,例如:"磁现象的电本质"一节,不仅让学生理解磁现象的电本质是:"磁铁磁场和电流磁场一样,都是由电荷运动形成的"。而且更重要的是使学生了解科学假说的提出要有实验基础和指导思想,使学生了解假说是科学发展的形式,假说是否正确要看其能否解释实验现象,导出的结论能否跟实验相符合,在物理教学中逐渐向学生渗透科学研究的方法、科学发展的道路,对培养学生的思维能力很有好处。

2.优化教学内容

教材是教学的基本依据,现行教材内容的编排体系只利于教师教,而不利于学生学,造成了教学的强制性。学生学习了不少书本知识,却不能适应高速发展的当今社会,这就要求教师不能将教材内容原封不动地硬"塞"给学生,而是要具备现代化教材观,不断学习现代教育教学理论,充分运用自己的聪明才智,调动自己的知识积累,注意学习的个体差异,把握教材、使用教材,优化教学内容,促使教学内容现代化。例如:介绍"原子核能"的部分,内容比较抽象,若适当介绍世界上各发达国家以及一些发展中国家和地区在核能发电上取得的发展,介绍我国核电站建设的有关情况,指明发展核电以适应现代化建设事业对能源日益增长的需要,是一种必然的趋势,使学生能够正确认识我国对核电建设采取的政策和措施。这样就能激发学生的兴趣,提升授课效果。

3.优化教学过程

现代教学论认为,教学既要让学生学会知识,又要让学生会学知识,培养学生开拓创新的能力。因此,要精心设计教学过程,正确处理知识、方法、能力三者的关系,要设计引人入胜、轻松和谐,具有探索性、启发性、创造性和科学文化氛围的教学情景,真正体现以学生为主体、教师为主导的完美结合。充分做到信任学生,实验让学生做、问题让学生提、思路让学生找、错误让学生析、是非让学生辨、异同让学生比、好坏让学生评,最大限度地给学生提供独立思考、自我学习、自我调控的机会,让他们能看见的东西用视觉,能听到的东西用听觉,能动手的过程自己动手等,让知识、方法、能力如泉水般地流入学生心田,滋润学生成长。

4.优化教学方法

教学有法但无定法,贵在得法,如:部分物理课程,可以引导学生用已有的物理知识自己推导出书上的物理公式,这样学生的记忆深刻、理解透彻,学得更扎实。因此要在汲取各种教学方法精华的基础上,大胆构建适合教学实际,能真正发挥教师主导作用和学生主体作用的多种教学模式,并进行优化组合,不拘于某一种教学方法,更不要机械地照搬某种"最佳"教法。①

教学方法多种多样,各具特色,但每种教法都有其特定的适用范围,在知识的传授,人才的培养方面起着不尽相同的作用,只有多法结合,配

---

①苗劲松,张胜海,陈文博等.基于专业人才培养的大学物理教学策略与实践[J].科教文汇,2022(7):75-77.

合使用,才能形成合力,提高教学质量。因此,教师要及时了解教学方法的新变化,熟悉各种有效的教学方法,明确其效能,及时充实到教学过程中去。

5.优化教学手段

教学手段的多样化和现代化,使得课堂教学效果完全不同,现代化的课堂教学可以采用多媒体计算机辅助教学,幻灯投影、实物投影等现代化教学手段,提高课堂教学质量。

总之,优化物理教学是非常必要的,也是可行的。随着优化物理教学过程的实现,必将极大地提高学生的学习热情和学习效率。

二、改革教学方法

(一)激发学生物理学习兴趣

1.物理学习兴趣培养的意义与作用

对于兴趣的研究,虽说关于兴趣的概念,兴趣的分类有不同的观点,但对于兴趣在学习上的作用则是大部分学者都公认的。赫尔巴特认为,兴趣会产生有意义的学习;在杜威看来,如果缺少了兴趣,就是思考也只能是草率的、肤浅的;乌申斯基认为,"没有任何兴趣、被迫进行的学习会扼杀学生掌握知识的愿望";布鲁纳曾经也专门探讨过兴趣与学习的关系,其研究结果显示,满怀兴趣的学习,可以保证在校学习的学生不会感到沉重的负担,反而会感到愉快,使已经离开学校的学生继续保持对于新知识的学习热情。下面主要从兴趣对于知识的内化、智力与非智力因素、个人精神状态三个方面来阐述物理学习兴趣对于一个人成长的作用所在。

(1)物理学习兴趣的内化作用

西方心理学以及国内心理学家对于兴趣是内外部环境共同作用的结果已经取得了共识,同时,对于兴趣存在的多样性以及相关性也有所研究。由此可以指出,兴趣在发展的过程中并不是一条单向延伸的线段,而是在一个兴趣发展的过程中,也伴随着其他相关兴趣的发生与发展,这也符合马克思主义中用联系和发展的眼光看问题这一观点。而无数的事实也证实了兴趣的发展不是孤立的,如爱因斯坦的小提琴拉得很棒;居里夫人喜欢跳舞与旅游;李政道先生多次强调艺术与科学的联系。而且这些看似业余的兴趣则对他们的中心兴趣起到了一个辅助成长的作用,使他们的中心兴趣成长得更加丰满和深入。拥有了广阔的兴趣,也就拥有了广阔的知识来源。当在中心兴趣的作用下学习时,相关的广阔兴趣则会主动地将其所储备的知识与中心兴趣所取得的知识联系在一起,从而促进知识的内化。就个人练习书法的过程而言,书法中的发力、顿、力透纸背、中锋用笔等无不与物理学中的力联系在一起,最密切的莫过于书法所用毛笔的柔韧性与物理学中的相互作用力之间的关系。就学生物理学习的广阔兴趣与中心兴趣而言,当学生的中心兴趣在物理上,其广阔兴趣涉及数学、化学以及哲学等学科时,学生在学习的过程中,就会体验到广阔的学科兴趣所带来的学习快乐,如数学使得学生对于物理学规律的认识更加深入;化学使学生研究物质结构时特别是微观世界时的认识会更加深入;哲学则紧密地引导学生相关的思维往高处发展。从另一方面来说,兴趣对于普通知识的学习,也会起到加速内化的作用,而且,其内化的效果会比没有兴趣的学生好很多。有了兴趣,自身就会主动地将所接触到的知识纳入自己原有的整体知识结构之中,积极寻找与原有知识之间的联系与区别,从而通过同化与顺应,更好更准确地将其内化到自身原有的知识体系之中。但如果对于所要学习的物理学习内容没有兴趣,甚至有排斥心理,其内化的结果与有兴趣的区别是很大的。

(2)物理学习兴趣的动力作用

兴趣的动力作用在生活中的体现比比皆是,比如科学家为了研究理论夜以继日地工作;物理学家为了捕捉可能出现的实验现象,废寝忘食地工作;一个小学生为了制作一个模型而通宵达旦……其实,这些都是兴趣在起作用,它能够让一个人在有兴趣的事物面前总是精神饱满。当然,这里指的主要是人的心理状态,也是兴趣动力作用的体现。

以下，从智力因素和非智力因素的相互关系这个角度，去分析物理学习兴趣的动力作用。

智力因素在一个人的成长过程中是很重要的，智力因素好的学生可以取得一个很好的成绩，这对于其将来的发展可谓影响深远。但如果智力因素稍微欠缺，或者早期智力没有得到应有的开发，导致以后逐步落后的情况下，就要注意学生的非智力因素，特别是学生的学习兴趣所在。现在的情形下，学生的物理学习兴趣与学科之间的关系因为考试的存在而颇显暧昧，难以确定学生考分高低与学生对于物理学科的兴趣之间到底是否有关系。但通过谈话与考试的方式还是可以确定某个学生对于物理学科是否有兴趣的，如果最终确定，学生确实对物理学科有兴趣，而只是考试的时候不适应，那就可以有效地制订学习方案提升学生物理学习的成绩；而如果学生的兴趣确实不在物理学科，而在别的学科，则可以寻找学科之间的相互关系去逐步引导或者利用"远景"去激发，从而达到促进智力发展的目的，正所谓"人一能之，己十之；人十能之，己百之"。实际上，此处的"远景"也即个人的理想信念与追求，如果对物理学科的学习已经有了明确的认识与追求，只要厘清现实中遇到的困难，找到到达目标的路途，就可以有效地克服当下的困难。例如，一位学生对于物理学上的高深理论感兴趣，但当下的现实是做题目总是遇到困难从而产生畏难、逃避；又或者学生仅仅对物理学的实验感兴趣，但由于现实环境的复杂，无法满足这一实验的要求。这时就要注意引导，此时兴趣已经处于志趣的阶段，学生已经有了很强的欲望去克服困难，身为教师，只需帮助学生克服具体的困难即可。物理学习兴趣的动力作用除以上所述外，其在生活与学习中亦可以使一个人始终保持健康的状态：有了物理学科的学习兴趣，在一定程度上就可以帮助学生克服懒惰心理，学习者往往会为了自己感兴趣的事情付出许多而不计回报，在大家都觉得无聊而无所事事时，他可以就着自己感兴趣的事情一直做下去，从而使自己的非智力因素如毅力、耐性、吃苦能力等得到培养。

（3）物理学习兴趣的调节作用

已有的研究表明,人在做自己感兴趣的事情时,总是处于积极的情绪之中,在从事自己感兴趣的事情的过程中慢慢地调节与化解原有的消极情绪,进而达到调节情绪的作用。除此之外,还要提到广阔兴趣与中心兴趣的问题,中心兴趣在发展的过程中会逐步地深入,总会有一个高原期,此时对于兴趣所在事物的发展会裹足不前甚至倒退,中心兴趣也会进入一个低迷期。而广阔兴趣的存在则可以有效地弥补中心兴趣发展在遇到困难时所带来的迷茫与困惑,既可以有效地转移注意力,也可以从广阔兴趣中汲取灵感与养分。在广阔兴趣的调节下,可以克服中心兴趣发展过程中存在的停滞性问题。

兴趣对于人的调节作用主要体现在精神状态方面,兴趣本身就代表着一种积极的情绪状态,日常生活中所说的陶冶高尚的情操、树立远大的理想,当远大的理想与个人兴趣结合在一起时,就形成了志趣,此时无论从理想的角度去说还是从兴趣的角度去说,个人的情绪状态都应是充满激情的。日常所从事的事情和制订的计划都围绕着理想与兴趣转,理想所在即兴趣所在,心绪也会在理想与兴趣的调节之下时刻保持着昂扬的情绪。具体到学生的角度,其作用也是很大的,有个人兴趣的学生和没有个人兴趣的学生,其在日常生活中的状态也是不一样的。这一点在中小学阶段并不过于明显,到了大学,有兴趣的学生在校园里就显得异常活跃,丰富多彩的社团活动,各种文艺表演以及各种学科竞赛都有他们的身影。而没有个人兴趣的学生在大学里就容易颓废、丧失斗志。笔者曾对大学生的兴趣做过调查,其结果显示,学生们并未对于个人兴趣有过多思考,更不用说利用兴趣调节个人生活状态了。对于物理学史、物理学家、物理学理论以及物理学实验等方面的兴趣甚至可以决定一个人立身行事的态度,这些物理学家的成长经历及其探寻真理的过程,则对学生的学习态度影响深远。而当学生的中心兴趣在物理学上时,并且是个人的志趣所在,其生活与学习的方方面面无不时刻有着物理学的影子,他将用物理学的思想去处理个人与生活中的困难,坚守物理学中的真理,也信奉生活中的规则。即使生活中遇到难以克服的困难时,也会以实事求是的态度去做事,让物理学始终调节个人的学习与生活。

总之,兴趣在一个人的成长过程中的作用是很重要的,从大学专业的选择、毕业后职业的选择,甚至对于子女的教育,都起着举足轻重的作用。在遇到困难时,兴趣是调节剂;在遭遇迷茫时,兴趣就是方向;在情绪低迷时,兴趣就是动力的源泉……

2.物理学习兴趣的培养策略

兴趣是最好的老师。教师要认识到兴趣对物理教学的重要性,只有认识到这一点,才能时时刻刻注重培养学生的物理学习兴趣,提高教学质量。那么,怎样才能提高学生物理学习的兴趣呢? 下面笔者从教育者和被教育者两个方面来进行阐述。

(1)合理利用教育者的引导作用

教育者也就是教师。在实施教育中,教师不是把所有的知识灌输给学生,而是要利用好自己的引导作用,运用合理的方法在潜移默化中把学生引导到物理的天堂。

①散发学术魅力,吸引学生兴趣

"师者,所以传道授业解惑也。"作为一名教师,必须具备过硬的学术知识。作为一名物理教师,一定要充分了解本专业的学术动态,掌握本学科的学术知识,站在科学的前端,以充足的学术魅力来吸引学生向物理靠拢。

②注重情感交流,培养学生兴趣

物理教学不是单边活动,它是师生双方的一种互动,这不仅仅指物理知识的传递,还应有情感方面的交流。学生对本学科教师的喜欢程度直接决定了他们是否喜爱这一学科,因此很可能由于不喜欢任课教师进而讨厌学习这一门课程,同时容易使教师产生急躁情绪,进而使学生更加厌学,如此反复形成恶性循环。教师不应被自己的身份所限制,要时刻注意与学生的情感交流,让学生相信自己,愿意与自己分享喜怒哀乐。在情感的交流下,学生会在脑海中摒弃传统古板的教师形象,从心理上拉近与教师的距离,这样教师才能在课堂上合理利用感情因素来调动学生的学习热情,让学生对学习产生更浓厚的兴趣。

③助力克服困难,提高学生兴趣

很多学生在初学物理时有浓厚的兴趣,随着学习的深入,物理知识的层次和要求有很大的不同。而大多数学生常常不习惯这样的转变,感觉物理台阶太高,学习起来会非常吃力,事倍功半,从而失去对物理的信心和兴趣,甚至开始讨厌物理。针对这些学生,教师应多了解、多分析,根据他们的实际情况做出对策,适当放慢教学速度,逐渐使学生理解和认识到物理的基本概念和基本定律,设法引导学生由简入繁,从而慢慢恢复学习物理的兴趣。

(2)发挥被教育者的主体性

被教育者也就是学生,学生不缺乏好奇心,我们要用正确的方法去引导他们。

①提高学生对物理的认识

物理学有着与人类一样古老的历史,它是人类探索、发现大自然的现象和规律的最为有力的工具,是人类认识和改造自然的有力武器。教师要让学生明白物理学是一切自然科学的基础,任何一个科学技术的相关领域都有物理学的存在,帮助学生认识学习物理的必然性,让学生意识到学习物理的目的不仅仅是单纯地学习一些物理书上的知识,更重要的是通过对物理的学习,使自己的逻辑思维能力得到较好的训练,分析问题和解决问题的能力得到提升,对物质世界的奥妙有更明确的了解。

②分阶段引导学生对物理产生兴趣

学生在接触物理之前对这门课程充满好奇,这时教师应在课前充分准备,不要急于讲授知识,而要围绕学生对物理的好奇心先上引导课,在课堂上提出一些有趣的问题让学生来自由发挥回答问题,并且让所有的学生参与进来,把课堂活跃起来,这样使学生感觉物理课不是那么枯燥,在内心深处愿意上物理课。在日后的深入教学中,教师要用学生感兴趣的语言进行教学,用这课堂中的知识结合现实中的情况提出有趣的问题,让学生带着好奇,带着求知欲进行上课,在潜移默化中引导学生爱上物理。

③充分利用课外资源,提高学生学习兴趣

丰富的课外实践活动,例如集体参观活动、物理竞赛等,让学生不仅从课内学习物理知识,在课外也能增长见识、开阔视野、丰富物理知识,把物理知识与生活中存在的现象联系,提高学生学习物理的兴趣。同时,教师还应该多鼓励学生参加各种课外兴趣小组活动,提高学生动手、动脑的能力,培养他们的创新能力,从而激发学生的求知欲。

教师也可以将一些课外有趣的实验搬进课堂,成立第二课堂,积极引导学生观察各种物理现象。对于那些能够用所学知识解决的物理现象,则在课堂上给学生讲解。如此这样,学生通过动手动脑,学习的积极性便有了很大的提高,可以极大地增强学生对物理的求知欲。

在物理的教学过程中,教师应该精心设计每一个教学过程,积极地引导每一位同学,循序渐进,在潜移默化中发挥最大的作用去激发学生的学习兴趣和求知欲,努力帮助学生克服学习中遇到的各种障碍,因材施教,拓展学生的学习思路,培养学生的实验能力和思维能力,从而达到既让学生掌握了物理知识,又训练和提高了学生的逻辑思维能力和创新能力的目的。同时也能增强学生的自信心,在自信心提高的同时进一步提高学生学习物理的兴趣。

(二)结合信息技术提高教学效率

1.有效收集和利用信息的方法与策略

(1)充分了解并利用图书馆

图书馆是储藏知识的地方,人人都可以在图书馆里查询各种资料。大中型的图书馆特有的一些收藏专馆对某一类的资料收集得特别齐全。在我国主要有这样几类图书馆——国家图书馆、各高校图书馆、各区县图书馆、各中小学的图书馆。当然,国家图书馆的资料是最多的,是我国最大的图书馆。现在,比较大的图书馆都有网上查询系统,利用网上查询系统可以更方便地查找需要借阅的资料。

(2)学会使用在线资源

通常所说的互联网即Internet,它是现代计算机技术与通信技术相结合的产物。它是全球数以万计的计算机互相连接在一起的网络结构;是当今世界上最大的非集中式的计算机互联网;是当代全球的信息高速公路;是全新的开放的信息超市。Internet提供的WWW(万维网)服务是基于超文本式的信息查询工具,它为我们提供了一个可以轻松驾驭的图形化用户界面,通过WWW网络浏览器就可以浏览Internet上的信息。这些信息都以Web网页的形式存在,大量的网页链接在一起,构成了一个庞大的信息网。

因特网是一个开放性的大图书馆,有非常丰富的资源可以供师生使用。可是,因特网太大了,而且是没有结构性的网络,有时找资料也不太容易。所以,必须了解网络信息的特点,学习一些必要的技能。

(3)评价信息资源

因特网提供了大量的信息,然而,作为研究工具,网络缺乏编辑或出版商所能提供的质量保证。换句话说,任何人都可以通过网络发布信息,而不需要任何质量证明。

因特网上有大量的人们怀着各种目的发布的信息(事实、观点、故事、解释、统计数字等,目的可能是告知、宣传、说服、卖东西、发表观点、提供某种机会等)。各种各样不同目的、不同类的信息,自然在质量和可信度上有很大的差别,因此,在这个信息海洋里,能够客观地评价找到的信息是至关重要的。尤其作为一个研究者,会评价网上的信息并判断它是否符合自己的需要是非常重要的。因此,浏览网页时应该比读正式出版印刷的材料要更加小心仔细。

2.物理教学中多媒体素材的采集与处理

多媒体信息都要经过适当的处理,进而数字化以后,再存储起来形成多媒体文件,然后才能被计算机使用。由于多媒体信息的采集和处理方式不同,便形成了各种格式的多媒体文件。在物理教学中,经常要与多媒体信息处理以及各种各样的多媒体文件打交道,因此,了解处理多媒体的基本方式及多媒体的文件格式,可以更好地利用多媒体资源。

(1)图形与图像

图形与图像文件通常统称为图片文件。由于人的视觉是人类接受信息最主要的渠道,因此在多媒体技术中,图片是最常用的表达信息的媒体形式。要想合理地利用这种媒体形式,了解图片的特性、格式、处理方法等是非常必要的。

图片的特性:①分辨率。图片文件都要在计算机的显示器屏幕上显示出来,显示器是用均匀排列的像素来显示画面的,因此文件也是由许多像素组成的。一张图片其横向的像素个数和竖列的像素个数便决定了该图片的大小。例如,一张图片的横向分布有 800 个像素,纵向分布有 600 个像素,那么,该图片的大小是 800 像素×600 像素的,这就是该图片的分辨率。相同分辨率的图片在不同分辨率的显示器上显示的大小是不同的,当然,清晰度也不相同。因此,为了不同的显示效果,就需要调整计算机的显示分辨率。需要注意的是,图形分辨率的概念仅用于位图。②颜色数。在计算机内,图片所拥有的颜色的种类也都是一个有限的值,称为图片的颜色数。通常图片颜色数可能的取值有:2 色(这时图片只有黑白两色)、16 色、256 色、16 位增强色(共 2^{16} 即 65 536 种颜色)、24 位真彩色(共 2^{24} 即 16 777 216 种颜色)等。自然图片的颜色数越多,图片的视觉效果就越好。但要注意,图片色彩的显示效果与计算机的颜色设置有关。低颜色数的图片在设置成较高颜色数的显示器上显示是没有问题的;反之,图片的一些颜色信息就会丢失,图片的视觉效果可能会很差。这时候就需要重新设置显示器的颜色。

图片文件的格式类型：通常图片有三种类型：位图、矢量图和印刷图，以下只介绍常用的位图和矢量图。

位图是由许多个像素点组成的图片，相应的图片文件记录了图形或图像的每一个像素点的位置以及代表该像素颜色的数值等信息。根据有无压缩或压缩的方法等，该类型的图片文件又分为许多种格式，以下是常见的几种：①bmp图，是未经压缩的图片文件，支持任何运行于Windows系统下的软件。该类型的图所需要的存储空间由其分辨率和颜色数来决定。有时候，为了降低软件的大小，就采用将其中的图片的分辨率以及颜色数在不太影响视觉效果的情况下，尽量调整得小一些。②tif图，有多种压缩方法，支持多种排版、图形艺术等软件。③gif图，是经过一种叫作LZW的压缩方法获得的位图，主要用于图形转换和传输，因此网络上用得比较多。许多应用软件也都通过它进行图形转换。④jpg图，是一种压缩率很高的位图。由于压缩率高，因而容量小，可以节省大量存储空间和传输时间，应用范围很广，尤其在Internet中更是被大量使用。

矢量图是计算机通过数学运算产生的图形，而不是像位图那样逐点描述的，因此，该图形所占容量很小，而且它的显示效果不受大小或显示器分辨率的影响。矢量图的文件格式视生成它的软件的不同而异。

（2）数字视频

计算机中的动画文件以及数字化的影像文件都是数字视频文件。数字视频也是常用的多媒体格式之一。影像文件用于说明事实或展示真实的物理现象，会起到非常好的教学效果。要想运用这种媒体形式，了解它的属性或特征是基本的一环。

帧。数字视频利用人的眼睛的视觉暂留原理，将一系列按顺序排列的静态画面连续播放，从而产生动态效果，其中的每一个画面就是该视频文件的一帧。

压缩与解压缩。数字视频文件通常同时包含大量的音频和视频信息，文件的数据量很大，因此在制作数字视频文件时，一般都要对其进行压缩,即放弃一些不重要的信息,如一些大面积颜色一致或相近的地方,回放时再通过算法弥补。这种压缩方法称为有损压缩,通常用于对图像信息进行压缩。还有一种不丢失信息的压缩方法,称为无损压缩,通常用于对音频信息的压缩。压缩后的视频文件在播放时要先进行解压缩,即恢复或弥补文件信息,使文件数据能满足显示画面或声音的需要。为了达到连续的播放效果,解压缩的速度必须快。解压缩的方法有两种:一种是利用解压缩卡的硬件解压缩方法;另一种是利用软件解压缩,如超级解霸等软件。

全运动播放。使视频文件在播放时产生连续的动态效果,其播放速度必须大于一定值。如果播放速度在每秒30帧以上,播放的效果才不会感到跳跃和闪烁,这样的播放速度即所谓的全运动播放。

全屏幕播放。视频的播放满足画面大小为640像素×480像素以上、颜色在256色以上,即可以在整个显示器屏幕区域播放,而不仅仅是在一个小窗口播放,即全屏幕播放。

数字视频常见的文件格式有以下几种:①AVI文件(.avi)。AVI是音频视频交错(Audio Video Interleaved)的英文缩写,AVI文件目前主要应用在多媒体光盘上,用来保存电影、电视等各种影像信息,有时也出现在Internet上,供用户卸载、欣赏新影片的精彩片段。②QuickTime文件(.movl.qt)。QuickTime是一种音频、视频文件格式,用于保存音频和视频信息,具有先进的视频和音频功能。QuickTime以其领先的多媒体技术和跨平台特性、较小的存储空间、技术细节的独立性以及系统的高度开放性,得到了业界的广泛认可。③MPEG文件(.mpeg/.mpg/.dat)。MPEG文件格式是运动图像的国际标准之一,它采用有损压缩方法减少运动图像中的冗余信息,同时保证每秒30帧的图像动态刷新,已被许多计算机平台共同支持。④RealVideo文件(.rm)。RealVideo文件是一种新型流式视频文件格式,主要用来在低速率的广域网上实时传输视频影像。目前,Internet上已有不少网站利用RealVideo技术进行重大事件的实况转播。

(三)综合运用有效课堂教学方法

1.有效教学的定义

关于有效教学的确切定义,学术界还没有达成一致。关于有效教学的定义,目前国外主要有描述式定义和流程式定义两种。

描述式定义主要是从教学的结果来对有效教学进行界定的。其认为通过有效教学,学生应该能够有效地学习。也就是说有效教学要以学生为中心、以教学结果为判据。这种观点主要考虑的是教学结果的因素,而对教学过程的因素有所忽略。

流程式定义通过充分考虑影响教学有效性的因素,运用流程图的方法来对有效教学进行界定。这种观点将有效性教学看成由一个个变量构成的流程,包括背景变量、过程变量、产出变量等。其中背景变量包括教师、学生、学科、学校以及时机的特征等。过程变量包括对教与学的看法、对教学理论的把握、对教学目标的看法等。产出变量包括短期或者长期的结果,以及认识或情感方面的结果。这种观点的不足之处在于忽视了教学行为的研究。

在我国,最初直接对有效教学进行定义的著述不是很多,但随着人们对教育理念的不断认识,有效教学受到了越来越多的关注。综合国内的各种研究成果,目前主要有以下几种对有效教学的界定。

(1)从概念的角度来阐述

从"有效"和"教学"的概念的角度对有效教学进行界定。"有效"就是学生通过一段时间的教学后取得的进步,"教学"指教师引起、维持或促进学生学习的所有行为。持这种观点的学者认为,有效教学是为了提高教师的工作效率、强化过程评价和目标管理的一种教学理念。

(2)从结构方面进行界定

从结构方面进行界定是指从表层、中层以及深层的角度来分析有效教学。从表层分析,有效教学是一种教学形态;从中层分析,有效教学是一种教学思维;从深层分析,有效教学是一种教学理想。实践有效教学,就是要把有效的理想转化为有效的思维,再转化为一种有效的状态。

（3）从经济学角度来界定

该观点从效果、效益、效率等方面出发,认为教学的有效性指教师遵循教学活动的一般规律,通过投入较少的时间、精力以及物力,达到较好的教学效果,从而实现特定的教学目标的教学活动。

以上对有效教学的不同界定,源于学者们持有的有效教学观有所不同,也可以说是学者们对影响学习者有效学习的教学方式的认知有所不同。综合上面提到的几种界定,笔者试着给有效教学做这样的定义:有效教学就是以正确的教学目标为基础,重视学生对知识的发现、理解以及体验,重视发展学生各方面的能力,最终使过程与结论相统一的教学活动。其核心是促进学生全方位地发展。事实上,有效教学不仅是一种教学形态,而且是一种教学思维、教学理想。从有效教学的理想转化为有效教学的思维,最后转化为有效教学的现状,是教师教育教学理论与教育教学实践不断结合的一个过程,同时也可以将其看作教师自身专业素质不断提高的过程。

2.有效教学的特征

有效教学的特征指有效教学区别于低效甚至无效教学的标志。近年来,许多学者对有效教学的特征进行了研究,并总结出以下几点特征。

（1）有正确的教学目标

对于"到底怎么样的教学目标才是正确的教学目标"这样的问题,研究者们还一直在争论。很显然,在现阶段,教学目标还不够清晰。教学目标是否明了与学生能够取得的成就以及学生满意与否都有密切关系。因此,教师要想开展有效教学,就需要有正确的教学目标进行指导。接下来,笔者从指向性和全面性这两个方面来理解正确的教学目标。

①教学目标的指向性

教学目标指通过教学能够达到的结果,因此指向性就是指教学的结果是什么。教育的真实目的是改变学生的行为,使他们能够完成那些在教育之前不能完成的事情。教学的目标不在于教师教了什么,教师在教学过程中是否科学、认真,也不在于学生在学习过程中是否努力、认真,而在于通过教学,学生的学习是否有了进步。简而言之,这种目标最终要指向学生的进步和发展。但是反过来,学生的进步和发展一般离不开自身的努力以及教师的指导,也就是说,只有教师有效地"教"以及学生有效地"学",有效教学的目标才能更好地实现。因此,教师认真、科学地教学,学生刻苦、科学地学习,才更有可能实现有效教学的目标。

②教学目标的全面性

正确的教学目标不仅要使学生进步和发展,而且还要使学生全面地进步和发展。美国教育家布鲁姆等就曾对教学目标从学习结果的角度做过分类,他们提出的教学目标包括认知、情感、动作技能等三个领域的目标。

认知目标:学生应该掌握教学内容,提高认知能力,能够真正理解、分析和应用所学的知识。这类目标的评判标准是学生掌握的知识是否丰富、能不能很好地进行知识迁移以及认知能力程度如何等。

情感目标:学生能够看到学习物理的价值,积极主动地进行学习,能够有正确的价值观和学习态度。这类目标的评判标准应为学生学习的情感是否丰富、健康,学习态度是否积极,学生的价值观能否体现出科学性等。

动作技能目标:通过教学,学生要有较强的动手能力以及实践能力,能够运用所学知识解决生活和社会中的一些问题。可以从学生技能的熟练性和创造性等方面对学生做出评价。

也就是说,学生的进步和发展应体现在认知、情感以及动作技能等三个方面全面进步和发展的基础上。

(2)做充分的准备

为了确保大学物理这门课程能够有计划地进行,教师应该在每堂课之前做好相应的准备。教学应该是有目的的活动,要想达到好的教学效果就要做好充分的准备。从教学环节来看,教师最主要的是进行充分的准备以及做好相应的教学设计。有研究表明,教师在授课前进行认真备课、计划以及组织教学,可以大大减少授课开始后花费在课堂组织上的时间,这样就会有更多的时间用于教学,因而可以提高教学的有效性;如果教师在授课前没有很好地计划,就会在教学组织上花费过多的时间,这样就会影响教学的进度以及教学的有效性。充分准备的好处还体现在,如果教师在授课前考虑了学生的学习需要、学习基础等,那么就更容易引起学生的学习兴趣,激发学生的学习动机,提高教学效率。

（3）促进学生学习

促进学生学习指教学的实施要关注学生的需求,教学要围绕学生来展开。学生在学习中占主体地位,教学对学生能够起到的作用,主要体现在学生的进步和发展方面,因此,有效教学应是能够促进学生学习的教学。另外,现代建构主义认为,学生的新知识是通过自己主动积极地建构获得的,并不是被动地从教师或者书本那里获取的。所以,教师在教学过程中要充分调动学生学习的积极性,使他们能够主动参与到学习中。具体做法有以下几点:①教学内容及方法的使用要符合学生的认知能力,包括学生的理解水平以及接受能力。教师要对教学内容进行再加工,调节课程的难度以及进度,运用适当的教学方法,保证能够适应学生的认知水平。②关注学生的兴趣。兴趣是学生学习的主要动力,教师要善于发现学生的兴趣,通过发掘教学内容的意义,把教学内容与生活联系起来,引起学生学习的兴趣;通过刺激学生的思维,使学生主动去思考问题;通过生动的教学,吸引学生,使学生能够主动参与到教学过程中;通过关注学生对教学的反应,创设必要的教学情境,避免学生在课堂上走神和分心。③帮助学生克服学习障碍。在教学过程中,教师要正视学生存在的学习障碍,包括学生原有知识结构造成的障碍、相异思维方式造成的障碍等。通过运用适当的教学方法,帮助学生逐步克服存在的障碍,进一步实现有效教学的教学目的,使学生愿意学习或在教学结束后能从事教学前所不能从事的学习。

（4）能够激励学生

合理的教学方法以及合适的教学内容对学生的学习是非常必要的,但这并不能保证学生一定能够学好。如果教学不能促进学生主动学习,激发不了学生的学习兴趣,那么这样的教学注定是失败的。因而在教学中,教师有必要采取一定的激励手段去激发学生学习的积极性和主动性,只有这样,才能使学生学得更好,才更有可能达到预期的教学效果。所以有效教学的另一个主要特征就是要能够很好地激励学生。学生只有在对他们所学的内容感兴趣,而且有强烈的学习愿望和动机时,才会积极主动地投入学习中,这样的学习才能够取得好的学习效果。有研究表明,学生和教师一致认为生动有趣、激发思维的教学是成功的教学。而很多教学实践也证明了学习动机对学生学习效果的影响非常大。

当然,有效教学还有其他较为重要的特征,如清晰明了、师生关系融洽、能够合理利用时间等。一般来说,有效教学需要同时表现出以上几个特征。这就意味着,教师如果想要使自己的教学具有有效性,就需要在教学过程中逐渐体现出以上这些特征,但也不一定要寻求一样的模式,教师可以在教学过程中表现出具有自己独特教学风格的有效教学。

3.教学方法与有效教学方法

有效教学要求学生能够在较短的时间内学到较多的知识,而且要掌握尽可能多的技能,同时能够促进学生的全面发展。为了达到这样的教学目标,对有效教学方法进行研究就显得尤为重要。对有效教学方法的研究,不仅是国家对教育社会价值追求的结果,而且是学生自身的能力发展在教学中需要得到彰显的要求,虽然受到历史背景以及教育教学大环境的影响,有效教学方法中的"有效"具有明显的"相对"概念,但是在现阶段,有效教学方法最终应能体现在学习者的能力发展上。教师通过有效教学方法的运用,可以提高教学质量,从而使学生各方面能力得到提升。

美国学校通过教学实践,总结出包括系统直接讲授法、整体讲授法、弧光法和主题循环法四种有效教学方法。其中,系统直接讲授法指教师通过直接讲授,使学生能够确切地掌握、完成一个过程的方法。在教学中,学生对学习的重要性有足够的了解,教师和学生共同关注一种学习目标和学习过程,因而该方法目标明确,效率较高。在整体讲授法中,学生对学习内容以及方法有选择权,而且在教学中,更多的是强调学习过程,因而学生可以掌握多种学习技巧。弧光法是一种为了保证教学目标的实现,要求学生走出课堂,深入社区,在学习中培养美感的方法。教师的工作重点是发展每个学生积极的自我概念。对于教学方法而言,影响其运用的因素是多种多样的,包括教师、受教育者、教学目标、教学内容、教学环境以及教学手段等,因而有效的教学方法并不是唯一的,而且也不应该是唯一的。因此,教学方法是否有效,哪些教学方法是有效的,都需要综合考虑各种因素,每一种教学方法都可能是有效的,也可能是无效的。

4.有效教学方法的综合运用

教学实践证明,任何一种教学方法都有其优点和缺点,不存在万能的教学方法。[①]因此,在实际教学中,教师能否正确选择和运用教学方法,就成为影响教学质量的重要因素之一。教师只有综合考虑教学中的各有关因素,选择恰当的教学方法,并合理地加以组合,才有望使教学效果达到最优化;反之,就可能给教学活动造成不利的影响。物理教学方法的选择与运用主要根据教学目标、教学内容、学生特点,教师特点及其他教学条件来加以综合运用,以达到最佳的教学效果。

(1)要符合现代教学理念和教学目标

择优选择教学方法,必须根据现代教学的理念。现代物理教学的主要基本理念包括:一是在课程目标上注重提高全体学生的科学素养,为学生终身发展、应对现代社会和未来发展的挑战奠定基础。二是在教学内容上体现时代性、基础性和选择性,教学要注意全体学生的共同基础,同时应该针对学生的兴趣、发展潜能和今后的职业的需求,让学生自主地、富有个性地学习。三是在教学方式上注重自主学习,提倡教学方法多样化,

---

① 张雪. 基于物理学科核心素养的项目学习研究与实践[D]. 荆州:长江大学,2020.

特别强调科学探究式教学,以培养学生的科学探究能力,逐步形成科学态度与科学精神。四是在教学评价上强调更新观念,体现评价的内在激励功能和诊断功能,促进学生的发展。这些现代教学理念是选择和运用教学方法的根本依据。

同时,教学方法是为实现教学目的,完成教学任务服务的。实现不同的教学目的需要不同的教学方法去完成。如果教学目的是要传授物理新概念,那么选择以讲授法为主的教学方法则是可行的;如果教学目的是要形成学生实验操作技能和技巧,那么就应该选择以实验法为主的教学方法;如果要把培养学生的交流能力作为重要的教学目标,则要选择以讨论为主的教学方法;如果要培养学生的科学探究能力,则探究式教学方法是首先要采用的方法。

相同内容的教学,各人的教学信念和教学目标不同,采用的方法也可能是不同的。例如"物体的沉浮条件"的教学可以有下列三种:有的教师认为,因为这一教学内容与学生已有的"二力平衡条件"知识密切相关,是属于派生性的知识,可以运用讲授法,对通过物体在液体中的受力分析,得出物体的沉浮条件。他们认为这样的教学时间利用率高,教学效果好。

可以说,任何教师对教学方法的选择和运用,都是在一定的教学信念和教学目标的指导下进行的。教师信奉何种教学理念,相信哪种教学方法的效能,要达到何种教学目标,都会对教学方法的综合运用有显性或隐性的作用。

(2)要体现教学内容的特点

教学方法的选择应该与物理教材内容的特点相适应。物理学是由物理现象、物理事件、物理概念、物理规律等组成的理论体系。在这一体系中,不同的内容具有不同的特点,需要选择不同的教学方法。例如,定性的物理概念往往可以通过列举事实、运用逻辑分析的方法形成,因此运用讲授法是合适的;而定量的物理概念则一般需要数据的测量、分析,比较、综合、归纳等过程才能形成,因此需要运用实验法或实验探究法;物理规律的教学,则可以根据学生的特点,安排一些需要探究活动进行学习的方法。

物理学是以实验为基础的学科,是一门探究的科学,在生活和生产中有广泛的应用。许多教学内容都有实验,有探究的问题,也有生活和生产中应用的问题。在这些内容教学中,应当较多采用实验法、探究法、讨论法的综合运用。

(3)要符合学生的特点

教学方法的选择还要考虑学生的年龄特征,知识基础等特点。首先,学生的年龄差异产生心理发展水平的差异,对不同年龄阶段的学生的教学自然要选择不同的教学方法。例如,大学生以形象思维为主,宜更多地选择观察法、实验法、导向的探究法等教学方法,这样既符合学生的认知特点,又有助于学生体验物理学以实验为基础的学科特点。而对逻辑思维能力较强的大学生,可以更多地采用自主性较强的教学方法,如讨论法、实验法、探究法等等。其次,学生知识基础的差异,也会影响教学方法的选择,例如,在学习某一物理概念时,如果学生已有有关该知识的感性认识或生活常识,那么,教师只需要通过一般的讲解,学生就可以理解,而不必采用直观教具的演示。反之,教师就必须采用实验演示的方法,丰富学生的感性认识。

(4)要切合教师的教学素养

任何一种教学方法的选择,只有适应教师自身的教学素养条件,能够为教师理解和掌握,才能发挥好的作用。有些教学方法虽好,但如果教师由于缺乏必要的素养条件而不能正确使用,就不能在教学中产生好的教学效果。因此,教师在特长、弱点等教学个性上的不同,也是选择教学方法的重要依据。如有的教师擅长语言表述,描绘事物形象生动讲解过程条理清晰、分析问题透彻深入,讲解道理通俗易懂;有的教师擅长实验技能,通过物理演示实验来展示物理现象,讲清物理原理;有的教师善于引导学生思维,引导学生科学探究循序渐进,恰到好处。当然,这些不同特长的教师在选择教学方法时,其侧重是有所不同的。

总之,教师在选择教学方法时,应该根据自身的素养和条件,扬长避短,采用与自己条件相适应的教学方法。当然,作为一名教师,应发挥自身教学素养的优势,同时要不断学习,弥补自身的教学缺陷,不断提高运用不同教学方法的能力。

(5)要切合其他教学条件

教学方法的选择还要考虑所在学校的教学条件。有些教学方法的运用需要一定的教学设备和环境的支持,例如,对于实验设备充足、实验室宽敞的学校,实验教学法的实施就能得到比较好的物质保障;而信息技术和校园网络设备比较齐备的学校,则可以通过信息技术与物理教学整合创造出更有效的教学方法。

三、加强实验教学

(一)大学物理实验教学现状分析

对于大学生来说,知识学习研究比较深入,这个阶段物理知识比较抽象难懂,大学物理学习中许多公式和相关实验原理只有通过反复的实验和操作,学生才能深入理解实验中的每一步骤和相关原理,否则缺少相应的实验操作经验,学生的科学思维难以得到扩展,阻碍学生对于物理知识学习和掌握的效果,难以提高学生的日常学习水平,无法促进学生个人的发展。学习物理的理工类学生今后将会进入相关企业从事各种科技研究工作,因此,培养学生的创新精神,保证学生在学习过程中积累学习经验,通过具体的实验操作提升个人学习效果对于学生物理知识的学习和掌握来说尤其重要,这也会不断促进学生个人学习能力的提高。

1.学生动手操作能力亟须提升

很多学生缺少实际的物理实验操作经验,教师在进行物理实验的讲解时,更多的是通过理论知识的讲解让学生掌握相关物理实验原理,或者是通过教材内容的插图让学生了解实验过程以及实验现象。随着时代的进步和改革发展,各种高科技技术不断引入教育教学一线课堂,许多教师为了节约课堂教学时间提高学生的物理学习成绩,更多的是通过多媒体将物理实验视频呈现给学生,让学生通过观看视频了解实验的步骤以及实验原理,同时也可以通过实验视频观察实验现象,通过这种形式既能够减轻学生的学习负担,节约学生的物理实验操作实践,同时也能让学生掌握相应的实验原理和步骤,真正让学生在具体的实验学习中提升课堂学习效率。但是这样的实验课堂教学方式难以提高学生物理实验操作水平,很多学生进入大学后,在物理实验操作过程中有所欠缺,许多实验设备以及动手操作过程都难以掌控。作为大学物理实验教师,要充分考虑到学生的这一学习现状,在课堂教学过程中要合理进行实验操作任务的分配,提升学生对不同实验设备的了解能力,同时结合日常课堂教学合理进行实验原理的应用,通过这种方式促进学生实验操作水平提升。教师也要在学生进行物理实验操作过程中积极给予指导和帮助,指导学生正确和标准的实验操作手势,让学生能够理解物理实验原理,通过这种形式可以有效带动学生的课堂学习效果,进一步保证学生在学习过程中养成积极的学习态度,促进学生个人学习能力得以提升。

2.实验室规章制度不完善

完善的实验室规章制度是保证学生有效开展大学物理实验操作的基础和保证,教师在教学过程中要关注实验室相关规章制度的制定,不断通过各种手段和方式保证学生物理实验操作效果的提升。在日常大学物理实验课堂教学中,教师通过实验过程的观察以及学生的实验操作表现,结合相关物理实验室中的规章制度制定,及时进行制度的调整和优化。比如实验室的安全制度,实验室各种设备操作注意事项,对于比较危险的实验操作步骤的提醒,每一个实验操作都要提前预知可能会出现的各种实验问题,通过这种形式可以有效促进学生个人学习效果的提高,进一步保证学生养成积极的学习态度。与此同时,在实验室规章制度的完善下,学生也能有序地开展实验室实验操作,从而可以有效提升学生的实验效果,进一步保证学生在学习过程中养成积极的探究意识,提升学生对物理实验原理的掌握水平。与此同时,教师也要采纳学生的观点和建议,及时进行各种物理实验制度的调整和优化,根据学生在实验过程中所提出的相关问题进行归纳总结,从而有效提高学生的综合水平,不断保证学生个人学习效果的提高。

3.实验评价方法不恰当

在传统的大学物理实验教学中,教师往往是通过学生的实验结论以及实验记录进行学生实验效果的评估,然而对于学生实验过程以及实验中所遇到的各种问题的解决方式却评价较少,这样的单一化评价模式无法体现出学生的实验操作水平,容易导致学生在实验过程中产生一系列的问题。以结果为导向的实验评价也会使得学生在实验过程中产生懈怠的情绪,难以有效促进学生的发展,容易导致学生在学习过程中产生各种负担和压力。在大学物理实验评价过程中,教师要综合考虑各方面的因素,及时制定相应的评价标准,保证学生在实验过程中掌握相应的实验原理,从而进一步提高学生的实验效果。在评价过程中也要注重学生的实验操作过程,针对学生的实验操作表现进行综合评估,体现出学生的实验操作水平,也有助于让学生意识到自己在物理实验操作过程中存在的问题,在今后的实验学习中可以有效帮助学生减少自己实验中不规范的操作,进一步促进学生的进步和发展。

(二)大学物理实验的重要性的认识

18世纪末,氧的发现者普利斯特列强调,人们应当在年轻时就习惯于观察和实验过程,特别是他们应当在年轻时开始研究理论和实践,由此可以把许多以往的发现真正地变成他们自己的东西,因为这样,这些发现将对他们更有价值得多。这些观点深刻地揭示了实验在知识的继承和创新中的地位和功能,有利于提高人们对实验的教育价值的认识。

美籍华人丁肇中在获得诺贝尔奖的颁奖大会上说:"我希望通过我得到诺贝尔奖能提高中国人对实验的认识。"

物理实验直接影响着整个自然科学的发展。物理实验教学直接承担着学生动手能力和科学素质培养的任务,理所应当占有重要地位和发挥更大作用。

大学物理实验作为独立的必修课,既是对其学科特点的确认,也是对其重要性的肯定。作为基础实验课程,它具有基础关键性、系统衔接性、科学实用性、应用培养性等特点。这也就决定了大学物理实验教学的本质,是对大学生在基本科学方法和技能、基础科研素质和能力等方面的养成教育,对培养适应21世纪社会经济、科技文化发展的人才具有十分重要的意义。

目前,我国经济迅速发展,市场经济对高校毕业生的要求发生了很大变化,尤其要求大学毕业生应具有较强的动手能力、较强的分析能力与解决问题的能力。这一切就要求高校教育中实践环节有一个大的改变,要用现代教学论的基本观点来组织、指导教学。教师在讲授物理实验课程时应遵循实验课程的规律和体系,同时要注意在实验过程中,培养学生运用实验方法和手段研究问题的能力,扩展学生知识面,增长学生见识,利用实验课程培养学生的动手能力,为理工科学生今后在不同的工作岗位上进行实践活动打下基础。

(三)大学物理实验教学模式的探索

实验教学模式是依据一定的教学理论、教学目标和任务,对实验教学活动全部过程进行综合优化设计和组合,从而形成一种相对稳定的先进的教学形式。新的教学模式应体现知识、能力、素质并重的观念,使之从单一性、基础性向综合性、创新性实验方向发展,从注重知识转向知识与能力的结合,强调技能的培养和训练,突出素质教育和创造性人才的培养。与之相适应,要树立科学的质量观,建立科学的质量评价体系,形成正确的质量导向和学习激励机制。

广义的实验,是指人们根据科学研究的目的,运用科学仪器和设备等物质手段,人为地控制和模拟所研究的自然现象,以便在有利的条件下进行观察的一种经验方法。该定义明确地指出了实验的特点在于人为地控制和干预实验的过程,充分体现了人的主观能动性和创造性。一般说来,科学实验包括探索性实验和验证性实验。大学物理实验的教学模式应忠于科学实验的本质,充分发挥人的主观能动性,探索"教"与"学"的最佳模式,提高实验教学的质量和效果。

1.分层次教学模式

(1)分层次教学模式的理论依据

学生的个别差异是客观存在的,反映在学生个体间的心理特征及发展水平的不同。如个人的智力、兴趣、性格的差异,思考问题的广度、深度、灵活性及克服困难的勇气和毅力的不同。因材施教原则要求教师根据学生的心理特点和实际的发展水平,对不同的人,采取不同的方法和要求进行教学,允许并能采取适当的措施促进拔尖学生冒出来,对个别学习困难的学生也能有针对性地进行帮助。

教学计划制定中,整个课程体系是个大系统,每门课程是其子系统。从系统论的观点,系统均具有层次性的特征,实行大学物理实验课程的分层次教学,是课程内容的要求,也是更好发挥本课程整体性功能的要求。而作为课程子系统,它不是孤立、封闭的系统,还具有开放性、动态性的特点,与不同专业要求有联系,与社会发展变化的要求有联系,这就决定了大学物理实验教学要从系统内外诸要素出发,探索实验教学新模式。

与21世纪高等教育改革要求相适应,我国从事大学物理实验教学的教育工作者,密切关注全国乃至世界教育发展的大趋势,在本土经验与国际经验的交融中,在"教"与"学"的互动中,在继承优秀教育传统和吸收优秀成果的基础上,形成较具代表性的几种教学模式。

(2)分层次教学模式的实施

利用物理实验课程体系内容丰富、方法多样的空间,以模块设定若干教学目标,用层次实现教学上的循序渐进。教学目标一般分为以下三大模块:

知识方面:使学生掌握基本的实验方法、基本技能及实验的基础理论,了解现代物理实验新技术与知识。

能力方面:培养学生综合实验能力、实验设计能力和运用物理理论判断结果准确性与研究物理规律的能力。

素质方面:培养学生创新意识、科学思维方式、实事求是的科学态度、严谨的工作作风和钻研探索精神。

实验教学改变了按力、热、电磁、光学和近代物理一个个孤立的拼盘式实验的旧体系,新的实验框架体系分成若干层次,以实验方法与测量方法为主线,按有利于方法训练和能力提高为主,遵循认知规律,兼顾力、热、电、光、近代物理有关的实验内容,形成了预备实验、基本实验、综合性实验、设计性实验和创新提高性实验。每个层次设有小层次,分为"必做实验和选做实验"两部分。选做实验由学生根据爱好和专业需要自由选择。不同专业物理实验教学要求不同,体现在不同的学时安排上。很多高校改变了以往"一刀切"的学时分配,根据各专业特点,实行多层次的学时配给(30学时、48学时、64学时),多层次的实验内容选择。

预备实验——为进入大学但具有不同物理实验基础的学生而准备的,以开放、课余的形式,由学生根据自身条件、自我需要,进行基础物理实验方面的填平补齐,实验器材可以是分门别类的常规器具使用,可以是入门者知识背景下的实验操作,可以是更新换代实验项目的再利用等,为学生提供动手的机会和培养兴趣的空间。

基本物理实验——基本实验项目的选择应具有"代表性""基本性",有一定的覆盖面。基本实验主要是学习基本物理量的测量、基本实验仪器的使用、基本实验方法和技术的训练,数据处理方法与误差分析等,涉及力、热、电、光等。实验要求学生在理解实验原理的基础上,不仅要学会仪器的使用,而且还要掌握基本实验仪器内部结构和相关的实验知识,以及运用基本实验原理解决实际问题的方法。强调"三基":基本理论、基本方法、基本手段(或称基本技能)。基本理论指实验思想、误差理论基础、数据处理方法等。这是一切实验的基础,因此要求学生学懂,并能处理常见的误差问题。基本方法指的是实验方法与测量方法,前者是如何再现物理现象的特殊条件,后者则是指如何在此条件下得到所需要的信息。一般新教材列举了获取基本物理量以至光学参数等一系列常用物理量的实验方法及测量方法,并将必修的实验项目及选修与扩展性实验项目列入其中,以加强基础训练和扩大本课程的信息量。基本手段就是基本装置和常用仪器仪表的使用,物理实验的特点之一在于它所具有的广普性,力、热、声、光、电磁样样都有,这些基本装置和通用仪器仪表是获取各种物理量的基本手段,所以设置专门的章节重点描述,要求学生能熟练运用它们,在综合性、提高性实验项目中得心应手。

规范基础物理实验报告的写作格式依然有它的积极意义。在传统的实验报告中,学生常常花很多时间用很大篇幅"复制"教科书上的实验原理和操作步骤,而对怎样获得原始实验数据及数据处理分析轻描淡写。在基础物理层次实验教学中,对实验报告的写作规范提出明确的要求,注重实验的确证性和实验报告的纪实性。要求学生能用理解了的语言对实验原理做概括性描述,对原始数据的获得途径及技术方法给出必要的说明,对创新性思考尽可能提供详尽的答案。实验报告的重点是正确的实验数据处理以及由此而得到的实验结果分析,要求学生采用科学的误差分析方法,并探讨实验所采用研究方法的科学性和局限性,最后给出简洁准确的实验结论。

综合性、设计性实验——本级实验是在基本实验的基础上,逐步增加综合性实验和设计性实验的比例。综合性实验旨在训练综合运用多种知识和实验仪器的能力,培养在比较复杂条件下,观察现象、测试数据、解决矛盾以及综合分析问题的能力。各校不仅注重逐年增加综合性选做实验的数量,而且内容也在不断改进、充实、丰富和提高,以给同学们提供更多的选择和扩展的余地。设计性实验是在掌握基础性实验和具备综合实验知识及能力之后,提出一些有利于启发思维,有应用价值的实验课题,让同学进行设计完成的实验。目的是使学生运用所学的实验知识和技能，在实验方法的考虑、测量仪器的选择、测量条件的确定等方面受到系统的训练，培养学生具有较强的从事科学实验的能力。教师的任务是介绍课题内容，提出任务，并阐述应用背景等。而如何解决问题，应用什么原理和方法以及选用何种仪器，由学生自行提出并实践。学生通过做设计实验，从成功与失败中受到启发和训练，促进整体素质的提高。

创新提高性实验——本级物理实验以科研实践为主题，课题组为组织形式，让学生直接参加到新实验的设计和传统实验的更新和改造之中，与专业研究接轨，通过选题、开题、初研、实验调试到一个课题或一个项目的完成、总结答辩等训练，让学生了解科研的环节和方法，学到更多书本以外的知识，得到独立科研能力的锻炼。创新提高性实验选题一般是在实验教学中提出来，具有明显的研究价值，也具有较好的研究条件，在教师的指导下，通过努力可以完成的题目。为了选好研究课题，有的高校采用导师制，每一个学生根据自己的情况，选择实验指导教师，教师要加强指导，与学生共同进行研究型创新实验。多层次物理实验体系的建立，使实验教学出现良性循环状态，基础薄弱的学生补齐提高，拔尖的学生"有用武之地"，在研究型创新实验中开发的实验项目和制作的实验仪器又可以补充到实验教学中。

面对诸多的物理实验项目和有限的课时，哪些应归入必修的经典项目，哪些属于综合性、提高性和应用性项目，在把握实验教学内容的依存性时，合理地选择实验项目，适时充实实验内容，这是值得研究的一个问题。既要保证必修内容，还要提供选修的条件，而且这些必修和选修内容既要尽可能靠近专业，又要保持物理课程的特点和实验装备条件的许可。

2.开放式教学模式

在新世纪高校实验教学改革中，实现实验教学的开放是一项重要的课题。狭义的开放，是辟出一定的空间，实行开放式实验室；广义的开放，是整个实验教学层面上的开放，不仅是时间和空间上的开放，也是思想观念、教学内容、教学方法的开放。各高校的实践证明开放式物理实验教学模式是一种很好的教学模式,是以学生独立自主实验为主,教师辅助指导实验为辅,教师采用启发、引导或借助计算机技术等多种教学方法和手段,将教学的重点放在物理实验的设计思想、物理方法、仪器的设计原理和技巧上,针对学生个体和不同专业,不拘一格实施实验教学时间、空间、内容的开放。

开放式教学模式的优势突出表现在如下方面:①体现了因材施教的教学原则,成为多元化需求和现实的切入点。②激发了学生学习的主动性和积极性。学生自选实验项目、实验时间,自主地进行实验,学生实验的主动性、积极性得到了充分的发挥。开放式教学变"要我做实验"为"我要做实验"。③有利于教师教学科研水平的提高。物理实验教学开放后,由于紧扣实验教学大纲和根据学科发展需要更新实验内容,合理地设置实验项目,对实验教师的教学水平提出了更高的要求,要求教师不仅要知识面宽,知识更新快,而且要有扎实的理论基础和丰富的实践知识,能应对和处理学生提出的问题及实验中出现的新情况。另外,如果没有网络技术作为支持,这一模式的推行就要受到限制,特别是针对大面积学生的开放。各种版本的"开放式实验教学网络管理系统"正是为解决人工预约登记耗时费力,实验内容层次丰富的难题而开发的,一般基于 Windows 平台,利用 ASP(动态服务器网页)技术和 SQLserver 数据库开发,实现学生对物理实验的网上预约、课前预习、网上模拟、信息交流、成绩管理等功能,它是一个集多种功能于一体的实验教学网络管理系统。这就要求教师加强学习,运用现代教学技术与手段,实现功能更全、内容更广的实验开放。④有利于学生的知识构建和科研素质的培养。物理实验开放要求教学内容应富有弹性,以满足不同学科、不同专业、不同层次学生的需求。实验室除规定各学科学生要完成的必做实验外,还应开出一定数量的选做实验,学生可以根据自己的能力和兴趣选做。一定比例的综合性、设计性实验,旨在培养学生综合运用知识的能力,思考探索的能力,体会实验和科研的方法和过程。实验教学是目的和结果较明确的实践活动,而科研是更具探索性、开创性的科学实践。实验开放式教学在履行教学方案,完成教学计划的同时,鼓励倡导学生积极思维,能发现,善质疑,敢创新。这是开放实验特有的"自由空间",集腋成裘,借此契机培养学生的科研素质。学生在自主学习的开放环境中,有时间将书本知识和已做过实验中的物理思想、研究方法和实验技巧以及课外阅读积累的知识联系起来,融会贯通,举一反三,灵活应用,从而有目的地加强能力培养,构建合理的知识体系。⑤最大限度地利用实验室资源。实验室开放后,把时间交给了学生,实验的步骤和节奏也交给了学生,实验室的容量大幅度提高,特别是学生自主选择实验项目,使得多类仪器得到充分利用,大大提高了仪器设备的使用率,实验室用房得到更为充分的利用,实验技术人员工作量更加饱满,因此实验室开放最大限度地利用了各种资源。⑥强化和推进实验室的管理。开放式实验教学,必须考虑教学秩序和效率,考虑层次教学需要,考虑人员和设备资源的利用,确保实验教学的质量。因此,健全各项规章制度,实行严格管理尤为重要,从而进一步推动实验室管理水平的提升。

(四)物理实验教学方法的多种并举

教学对象的多样化、教学内容的多样化、课程类型的多样化,使教学方式的多样化成为实现教育目的的必然选择,探索大学物理实验的教学方法,是一项深层次理论研究和广泛实践活动的综合课题。

1.杨振宁比较中美教育方法

著名物理学家杨振宁从中美两国传统教育的比较中提出互补性的实验教学思想和方法。他认为,中国教育按部就班,严谨认真,而美国的教育是渗透性的;中国教育着重演绎,美国教育则着重归纳;中国教育着重理论和抽象思维,美国教育强调实验动手能力的培养;中国的教育传统要求谦虚谨慎,美国教育则鼓励学生向最了不起的权威挑战。中美双方教育的传统各有优缺点。

2.物理实验教学方法的多样性

（1）辩证认识多样性的实验教学方法

坚持实验教学方法的多样性，从实际情况出发，综合考虑影响实验教学效果的各种基本因素：教学目的、教材内容特点、学生概况、教师概况、时间、空间、教学设备情况等，灵活使用教学方法，注重不同方法之间的借鉴与融合，以充分调动学习主体和教学主体的积极性，有效促进实验教学目标和任务的完成。现今教材内容改变了过去注重知识传授、一味验证的实验模式，逐步体现分层次、开放的教学思想，这是认识和实践与时俱进的反映。

每一种实验教学模式，既要看到有利的一面，又要看到不利的一面。比如说，对传统实验教学模式，就一直存在着不同的看法。有的认为这种教学模式，实验原理清晰、实验方案成熟，易于管理和指导，准确性、成功率高，能有效培养学生的动手操作能力；但有的认为这种模式是在已有理论指导下，按教材中设计好的步骤操作，使学生的思维受到一定束缚，特别是学生的创造思维能力没有得到应有的开发和培养。其实，这两种看法都有片面性，不能把同一模式的两种特性对立起来，随意夸大某一方面。因为实验教学目的能否实现，不仅取决于某种模式本身，更取决于学生的素质状况、教师的素质状况和实验室的条件等因素。在教学方法的学习和实践中，必须正确认识和把握物理实验教学改革过程中的辩证性，防止把个别方法绝对化、片面化，把在某个学校、某个实验项目上取得的成功经验，不顾条件地推广运用到整个实验教学过程中，防止实验教学改革的形而上学倾向，割裂实验教学主体与客体的关系，割裂实验教学过程中各种因素的相互影响和相互制约关系，割裂共性与个性的辩证关系。

实验教学是学生在教师的指导下，发挥自己的主观能动性，根据研究的目的，运用科学仪器，人为地控制条件，改变客观状态和进程，使事物的变化更有利于得出规律性认识的学习和科学实践活动。与一般的课堂教学相比，实验教学本身具有更强的吸引力和实践性。现代教育思想认为，教学中应体现"双主体"作用。主体指认识者(人),客体指作为主体认识对象或实践对象的客观事物。主体具有意识性、自觉能动性和社会历史性等基本特征,意识和思维是主体的机能最重要的特性。主体性的发挥取决于主体自身的内因和社会历史环境外因的制约。主体自身的内因是指主体的主体意识和主体能力。学生是能动的人,教师传授的知识与技能,都要经过学生个体主动地观察、思考、领悟、练习并自觉运用,才能转化成个人的本领。一般来说,学生的学习主动性、积极性愈大,求知欲、自信心、刻苦性、探索性和创造性愈大,学习的效果也愈好。

(2)我国高校教师在物理实验教学中积累的丰富的实验教学方法

①问题教学法

运用"问题式"教学,增强学生的问题意识,对不同的实验阶段有着不同的提问内容,在实验教学的各个环节,设计和组织教学活动。

用问题检查学生实验预习。强调预习的重要性。教师在开学的第一堂课就要求学生在每次实验前都要认真预习,在预习报告上简要写出实验要点,列出表格,由老师抽查并做简单的提问,不做预习报告的不给做实验,以检查学生预习的程度,提高学生的主动性和实验效果。

用问题启发学生实验操作。爱因斯坦指出:"提出一个问题往往比解决一个问题更重要"。在弘扬创新精神的今天,培养学生的问题意识尤为迫切。教师要深入研究教材,研究学生,善于提出问题。变传统教学的"传授—接受"过程为问题纽带的"发现问题—研究问题—解决问题"的引导发现过程,增强问题的探索性、启发性、拓展性、可行性。从问题开始,带着问题进行观察、比较、分析、综合、判断、推理等设计与思维活动,激发学生的主体作用,开启心智,充分发挥"问题式教学"的激发、导向、调控、强化作用。

用问题总结学生实验结果。在实验总结中,善于巩固实验经验教训,善于分析总结新问题,使"问题式教学"贯穿在预习、操作、讨论的各环节中,成为旧问题的归宿和新问题的起点。

例如分光计实验,它的调整方法是使用其他类似精密光学仪器的基础,调节的内容很多,需要调节的旋钮也很多,教材多用光学术语,对仪器结构、调节步骤的实质,学生普遍感到困惑。采用问题教学法,分步骤解疑释惑,巩固效果。如用通俗、简练的语言解释光学术语:"发出平行光",就是使狭缝处于物镜的焦平面上,而在望远镜中看到的是边缘明亮清晰的狭缝像;"聚焦于无穷远",就是叉丝处于望远镜的焦平面上等。调节过程的标志"绿叉丝"的成因问题,调节现象分析、技巧总结等,都可以设定一系列问题,启发学生手脑并用。有学生用"黎明前的黑暗"总结其寻找反射像"绿叉丝"的体会,甚是贴切:望远镜视域中若有其他较亮背景是不可能调出"绿叉丝"的。

②演示教学法

通过演示实验,让学生直观快捷地了解物理现象,增强对物理现象的感性认识,尤其是对现代高新技术的认识。普通物理实验演示,可利用物理开放实验或专门的演示实验室,或者与课堂讲授法相结合。这种教学模式,有利于创造学习物理的环境,培养学生观察、分析等实验能力,有利于激发学生热情,加深对概念、原理的理解。课堂教学中可灵活使用演示法,如示波器的使用实验,首先使用演示教学法,使荧屏出现几种信号波形,加以几种变换调节,既形象逼真又生动活泼,很能抓住学生的注意力,引发学生一系列"为什么"的思考,并跃跃欲试。

③情境引入法

经典教育理论认为,教学在本质上是一种环境的创造,即创造由教育内容、教学方法、教学作用、社会关系、活动类型、场所设施等要素组成的环境。教师的寥寥数语,在学生心中或许就打开了探索的窗口。有些被常人看来是司空见惯的事情,却包含着重大而深刻的道理。像伽利略通过观测大小不同的石头同时落到深谷底部进而发现了重力加速度,丹麦物理学家奥斯特正是机敏地抓住讲课时通电导线附近小磁针的"意外"偏转,进而发现了电流的磁效应。在实验教学中,要有目的创设教学情境。

如物理实验中心的每个实验室里都挂有相应实验的知识概貌和原理简介,图文并茂;实验室走廊挂有科学家的画像及其名言警句,具有历史意义和现代启迪,营造崇尚科学、追求真理的良好氛围。潜移默化的教育有时优于说教,可谓"此处无声胜有声"。

具体实验中通过情境的引入,吸引学生兴趣,引导学生学会观察,发现问题,并运用一系列的认知技能寻求答案、解决问题。物理实验教学中的观察,并不是简单地用眼睛看,而是眼与心的彼此结合,互相促进的过程。一方面眼睛看到的现象要用心去思考;另一方面,在用心思考的基础上指导眼睛有目的、有重点地看。观察是认识的一个重要手段,更是外界信息转化为个体经验的唯一途径。应选取正确的观察方法与技巧。一般常用的观察方法有整体观察法、局部观察法、特点观察法等。在物理实验观察中,经常要辅以一些观察技巧,如连续观察、对比观察、转换观察等,以提高观察质量,培养观察能力。

④自主探究法

皮亚杰关于建构主义的基本观点是:人们的认知结构是通过同化与顺应过程建立起来的,并在"平衡—不平衡—新的平衡"的循环中不断丰富、提高和发展的。强调学习者自己建构知识的学习过程,教师只是教学活动的组织者、辅导者、支持者,而不是传统教学中的知识的灌输者。学生是活动的主体,是知识的积极建构者,自主探究法实践着学生主体、教师主导的现代教学思想。

《美国国家科学教育标准》对科学探究的表述为:"科学探究指的是科学家们用来研究自然界并根据研究所获事实证据做出解释的各种方式"。教学中的探究法,是指学生构建知识、形成科学概念、领悟科学研究方法的各种活动,它将学习的重心从过分强调知识的传承与积累转向知识的探究过程,以学生的被动接受转向学生的主动获取,从而发挥学生的主体作用,培养学生主动探索、勇于创新、坚忍不拔的科学态度和工作作风。

科学探究的七大要素有:提出问题、猜想与假设、制订计划与设计实验、进行实验与搜集证据、分析与论证、评估、交流与合作。实验教学具有科学探究的潜在要素,如果说基础实验训练是科学探究的准备,综合设计性实验则是科学探究的模拟。教学过程中"双主体"的作用各有侧重。教师发挥着启发主导的作用,以学生自主学习和交流讨论为前提,以学生知识背景作保障,以现行教材为基本探究内容,引导学生提出问题,展开发散性思维,尝试释疑解惑,追根溯源。教师的任务是为学生的学习设置探究的情境,调动学生的积极性,利于探究的展开,把握探究的程度,评价探究的结果。学生以学习的主人身份,主动获取知识,大胆探索,积极尝试用自己所学的知识,分析、解决问题,使自己学会学习并掌握科学方法,为终身学习和今后工作奠定良好基础。

如"光的偏振"实验,测定布儒斯特角。一般教材中,都是改变入射光线在玻璃片上的入射角度,采用偏振化方向已知且与入射面平行的偏振片和白底物屏接收反射光,找到物屏消光时所对应的入射角,即为布儒斯特角,此时反射光为振动方向垂直于入射面的线偏振光。实际操作中,由于偏振片及物屏面积不大,必须不断地调整偏振片和物屏的相对位置,以便于接收到反射光,并逐步找到消光位置。操作时若略加改进,仅将偏振片前置,即置于入射光路中,使之产生平行振动的线偏振光入射玻璃片,此时只需转动玻璃片改变入射角,当观察到屏上消光时,对应的入射角即为布儒斯特角。这种实验方法操作便捷得多,更是对布儒斯特定律的深刻理解和灵活运用。

⑤心理疏导法

心理学是一门古老而又年轻的学科,各学派纷争,但在发展过程中出现了互相吸收、互相补充的局面,尤其是现代认知心理学,它不是一个狭隘的心理学流派,体现了当代心理学互相融合的新趋势。它抛弃了行为主义的只有直接观察到的行为才能成为科学研究对象的观念,但它合理接受了行为主义对客观方法的重视;它重视对人类智慧行为的研究,因而不同于精神分析,但它又承认在人类信息加工中存在着某些无意识的过程,并用精密的客观方法研究了这些过程;它不满意格式塔心理学某些含糊不清的理论,但又继承了格式塔心理学在知觉、思维和问题解决等领域的研究成果,并进而丰富了这些成果。现代认知心理学对教育界的影响,体现在观念、方法、对策等诸多方面。学生的心理、情感等非智力因素对实验教学效果的影响不可忽视。课堂上学生是以一个有丰富情感和各种需求的活生生的人来参与实验教学过程的,学生接受学习的过程是一个心理构建过程,实验环节学生的心理状态变化较理论课表现较为突出。

近年来,据大学生心理调查显示,受社会大环境和个人方面内因的影响,大学生的心理健康状况影响学生的学习和生活。教师在实验教学过程中,要勤于巡视,耐心指导,发现问题及时纠正。要善于学习和运用心理学知识,对学生在实验中出现这样或那样的错误,要耐心帮助他们,不能放松要求,但不宜用过分严厉和冷漠的态度对待学生,更不能随意责怪、刺激学生,以免学生产生紧张和对抗的情绪。在实践教学中,注重培养学生良好的心理素质和应变能力,磨练意志和品质,能够献身科学,踏实工作,正确面对前进中的挫折和失败。

很多学生缺乏分析判断和解决问题的能力,有的学生则惰于分析。作为专业实验的基础,物理实验教学必须改变低年级学生的思维方式,克服依赖性,培养学生应用已学过的物理知识去分析和解决实验中出现的异常现象,引导积极的心理特征的形成,克服认知的偏激和情绪的急躁,实践中进行自我教育,有利于提高实验效果。

实验教学方法具有多样性和灵活性的特点,教师无论采用哪种教学方法,都要力求通过学生的"活动""操作""内化"为学生头脑中的知识与经验系统,引导学生在"做中学""用中学""我要学""我会学",提高动手能力和综合素质。

4.现代多媒体技术、方法的应用

(1)现代多媒体技术、方法应用的积极意义

实验心理学家赤瑞特拉通过大量实验证明:人类获取信息83%来自

视觉,11%来自听觉,这两个加起来就有94%。加强视听效果更有利于知识信息的获取。

人类已进入信息时代,计算机的应用与普及是我们这个时代的一个重要标志。现代多媒体技术、方法引入实验教学,开辟了实验教学新领域,是教学手段的现代化。一般通过引入优秀成熟和自我开发制作的多媒体实验教学课件,开展仿真实验、模拟操作教学,在教学中深受学生欢迎。它内容丰富,集图、文、声、像于一体,特别是用动画编制的三维动态原理图,形象地展示了不可见的物理过程,使这些内容变得生动和易于理解,具有表现力和感染力,达到实际实验难于实现的效果,加深了形象思维与抽象思维的沟通。

通过计算机网络和仿真、虚拟实验的应用,把实验原理、实验仪器、教师指导、学生预习、实验模拟、实验评价、实验题库有机地融合为一体,使实验教学内容更加丰富多彩,形式更为生动活泼,更富有现代化信息,与传统的以教师为中心的单向交流式相比,具有交互性、集成性和自适应性,为学生创造了积极主动地进行探索式、自主化、个别化学习的环境,使学生切实受益,大大提高实验教学的质量和水平,还有利于优化管理及资源共享。

(2)现代多媒体技术、方法的应用原则

物理实验教学引入现代多媒体技术、方法应遵循的四大原则:科学性原则、实用性原则、交互性原则、适度性原则。

运用现代教育技术特别是运用CAI(计算机辅助教学应用及联系):课件指导教学,课件的设计必须符合教材的"科学性"要求,符合教育规律的要求,教学内容目标的设计,教学程序的安排都必须符合学生的心理特点及认知规律。不坚持科学性原则,就不能实现教学目标,提高教学质量,而教学效果只能是事倍功半。因此,在使用多媒体辅助教学课件时,在时间上要做到适时,教学秩序要力求达到最佳组合,教学内容要做到适量、适当。如果不分教材各内容的特点,不分场合滥用,则无法收到事半功倍的教学效果。

物理学是一门实验科学,因此必须处理好课件与真实实验的关系。恰当地、巧妙地运用多媒体辅助教学,才可以增强教学的效果。物理学必须体现以实验为基础的学科特点,课件不能代替演示实验和学生实验,这是利用多媒体辅助教学的一个重要指导思想。

(3)现代多媒体技术、方法的应用举例

密立根油滴仪测电子电荷、分光计的调整、等厚干涉等实验中采用实物投影系统,将从目镜中观看的图像及仪器面板显示在监视器上,给教学带来了很多方便。教师讲得清楚,学生听得明白。

对传统的磁滞回线测量进行改造,使其与计算机相连接,实现实验数据采集、处理和分析自动化,提高了实验精度。

"大学物理实验"绪论课的多媒体教学。以前"大学物理实验"绪论课安排在实验开始前完成,各校约3~6学时不等,讲授内容多而抽象,学生理解起来较困难,教师授课内容有时候不统一,造成学生实验时处理数据发生错误。现在许多高校将物理实验绪论课采用计算机多媒体教学,应用PowerPoint编写"绪论"电子教案后,统一了教师的教学内容,每个教师在这个大框架的基础,可依自己的教学方式作修改。这样既将理论课的教学时间缩短,又增加了更多的信息及实验实例,还可以将原先理论课中不便于携带的仪器以图片的形式展示给学生,使学生有了感性的认识。绪论课采用多媒体教学,学生的实验思想和数据处理能力比以往有了一定的提高。

Excel是一种先进的多功能集成软件,具有强大的数据处理、分析、统计等功能,可用于物理实验的数据计算、作图、函数拟合等,还可应用于实验室管理、学生成绩评定等方面。

虚拟仪器引入大学物理实验教学。以计算机为控制中心,利用软件技术构建系统的逻辑结构模型,基于模块化和层次化的设计思想,采用软硬件结合的方式,协调相关硬件和相应设备形成虚拟实验系统,并利用网络技术实现虚拟实验系统的网络化。

(四)加强大学物理实验教学的策略

1.革新实验教学改革方案,提升学生物理实验兴趣

要提升大学物理实验教学效果和质量,首先需要大学物理实验教师转变教育教学理念,在传统的物理实验理念操作中,许多落伍的思想和过时设备需要及时得到更新和调整,如果教师依旧采用传统的教育教学眼光进行授课,无法提高学生对于现阶段大学物理实验操作的认识,这就难以保证物理实验效果,甚至会让学生在具体的物理实验操作过程中产生疲惫感,无法保证学生的物理实验课堂学习的质量。要更新实验教学改革方案,从教师自身入手,在整个大学物理实验教学课程体系上进行整体建构,使得前后实验课程教学具有一定的连贯性和逻辑性,可以有效保证学生在学习中掌握相关知识,从而能够有效带动学生的实验操作积极性。在不同的实验课题和项目中,教师要综合考虑各方面的因素,不可以统一进行实验划分,这样容易导致学生在学习中产生学习误差,无法有效促进学生个人学习效果的提高。现在各大高校都有自己的实验室,许多教师都在进行各类国家研究项目,在组织大学物理实验教学过程中,教师可以结合学生的具体特点,同时融合自身的科研活动,结合各种现代化、新颖性的物理实验教学方式,提升物理实验教学质量,培养学生的物理实验科研精神,从而进一步保证学生在物理实验操作练习过程中提升自身的实验操作效果,保证学生掌握相关知识。

2.革新物理实验教学内容,提升学生物理实验效果

随着时代进步和发展,大学物理实验也在不断进行着更新,传统的物理实验项目以及相关的实验步骤许多已不能适应现阶段的物理实验操作。随着物理实验科研的不断发展,在物理实验原理和操作中都在及时进行着实验操作步骤的更新和优化,学生也会在学习中不断学习新颖的实验操作步骤,从而有效提升学生的实验操作水平,进一步促进学生实验操作质量的提高。在革新大学物理实验教学内容时,教师首先需要对传统的大学物理实验内容和方式进行思考,通过综合审核评定传统物理实验步骤和相关实验设备,结合时代发展需求以及现阶段大学物理实验教材的调整,进行实验内容的精练。通过各种方式保证学生在学习过程中养成积极的实验操作态度,进一步促进学生个人实验操作积极性得以提高,保证学生在实验过程中养成良好的实验操作观念意识。将各种与时代发展不符以及和学生初中和高中实验原理相重合的大学物理实验进行摈弃,同时对于与现代物理实验较为贴近,符合现阶段物理领域发展的各种实验进行引入,让学生接触到更为先进的物理实验原理和相关步骤,结合各种先进的物理实验设备,提升学生的物理实验操作水平,进一步促进学生个人能力的提升,保证学生物理实验操作水平的提高。

3.革新物理实验教学方法,保证学生物理实验质量

要促进大学物理实验改革,首先需要从物理实验教学方法上进行实验更新,提升学生物理实验的质量,进一步保证学生在实验过程中掌握实验方法,提升学生的实验水平;与此同时,教师要注意不断更新物理实验教学方式,首先加强学生物理实验基本功的练习,让学生掌握基本的物理实验操作步骤,了解不同的物理实验设备使用方式,为学生接下来的物理实验操作奠定一定的基础,通过这种方式可以有效促进学生接下来的物理实验学习效果得以提高。通过更新物理实验方法和物理实验教学手段,不断使得大学物理实验课堂教学更加丰富多彩,教师也要及时向学生传授物理实验的技巧,加强对学生进行物理实验安全教育,保证学生在物理实验操作过程中能够顺利开展,从而有效提高学生的物理实验效果。在物理实验教学手段的更新上,教师需要充分考虑学生的实际需要,保证学生在学习过程中能够掌握前沿的物理实验原理和操作方式,从而进一步提升学生的物理实验操作水平。在物理实验的选择上教师也要将自由选择的权利交还给学生,让学生结合自己的实际情况以及课堂教学内容选择不同的实验开展操作,提高学生的物理实验设计能力以及实验的动手操作能力,通过这种方式可以有效激发学生的物理实验兴趣,提升学生物理实验的积极性,进一步保证学生在实验操作过程中养成积极的实验操作态度。

4.革新物理实验评价方法,提升学生物理实验水平

在传统的大学物理实验评价过程中,许多教师为了方便以及受传统的评价方式理念的影响,更多的是以结果性评价为主,通过实验结果来评估学生的实验效果,这种单一的评价方式无法真正体现出学生的实验水平,甚至还会让学生在实验过程中产生投机取巧的实验心理,无法促进学生的进步和发展。要保证大学物理实验教学效果,教师必须转变传统的单一化实验教学评价方式,从不同的维度促进学生实验操作能力的提升,保证学生在实验操作过程中每一环节都要严格按照相应的规范和标准进行,同时要及时记录实验过程中的问题和相关实验现象,通过这种形式可以有效促进学生实验能力的提高,也有助于教师综合对学生的实验操作过程和结果进行评估,使得实验评价更具有科学性和针对性,从而能够真正提升学生实验操作的效果,提升学生的实验操作重视度。比如教师可以通过实验预习部分、实验操作部分、实验组织纪律部分、实验态度风格方面进行不同的评分制度设定,从不同的角度进行实验评价,学生在具体实验操作过程中也会关注自己每一环节的表现,及时对自己表现不足之处进行修正,进而通过这种形式有效提高学生实验操作的效率,促进学生实验操作水平的提升,从而保证大学物理实验教学质量和效果。

5.优化大学物理实验的教材

(1)教材建设的时代观

大学物理实验新教材建设普遍考虑了是否符合新世纪教学大纲要求和现代社会发展需要,体现了理论与实验互为补充、交替发展的物理学发展规律和实验物理教学的科学发展观。

(2)实验课程的独立性

实验课程突破了理论授课体系的制约,打破力、热、电、光的分隔局面,按照实验技术自身的规律,进行系统性、科学性整合,日益摆脱理论教学的从属地位,成为真正意义上的独立课程。

物理学发展史究其本质亦是实验物理的发展史,其间成就了丰富的实验内容,实验方法、技术以及精妙的仪器设备。保留具有典型意义的传统实验,弘扬经典实验的精华;删除内容陈旧、简单重复的过往实验,增加反映近代物理内容和技术的实验内容,既让学生寻到科学实验的历史轨迹,又能使之触及时代的脉搏,增强其与时俱进的使命感和求知欲。为此,根据各专业要求完善实验教学计划,制定新的物理实验教学大纲和编制实验教材尤显重要。为保持完整的知识体系,按照实验知识储备、基础实验、设计性实验、近代物理实验、引入计算机辅助教学的思路编排各章节。在实验知识必备范畴中,分章节介绍误差和数据处理的基础知识、物理实验的基本仪器及基本测量方法,旨在掌握测量结果的表达方法,了解实验知识、技能的概貌。在实验内容的选编上,考虑学生学习和今后发展的余地,各大部分循序渐进,以实验知识和技术的提高为主线,精选了涵盖力、电、光、近代物理等方面的内容,每学期选择开设若干必修内容,开放、补充选修内容,满足各层次学生的需要。

(3)层次教学模式的开发

面对时代的要求,为让学生在知识、能力、素质上都得到发展,我国各高校的教材编写,依据各自学校实际情况,呈现百花齐放、百家争鸣的格局。多种风格、流派的教材涌现出来,分层次教学、逐步提高的主导思想体现在教材内容的组织安排上。从低到高,从基础到前沿,一般形成了基本实验、综合性实验、设计性实验、科学小实验等,不同层次的实验内容,具体要求不同,教材编写详略有别,教学目的各有侧重。以强调"精选必做——优化基础;综合设计——自主提高;选修开放——探索创新"的教学新思路。

(4)测试手段和教学设备的现代化

实验教学设备根据新教材建设指导思想,增加投入,优化整合,推陈出新,体现教学内容现代化的特点。教材在测试手段上注重现代化。把现代技术引入物理实验教学中,增强学生工程应用基础。利用计算机进行实验数据采集、处理和控制,培养学生掌握现代实验技术的能力。

(五)大学物理实验教学实践方法

1.科学探究与物理实验教学

美国《国家科学教育标准》指出,科学探究指的是科学家们用于研究自然并基于此种研究获得的证据提出解释的多种不同途径。探究也指学生用以获取知识、领悟科学家的思想观念、领悟科学家研究自然界所用的方法而进行的种种活动。

我国《物理课程标准》要求学生不仅应学习物理知识和技能,还应经历一些科学探究过程,学习科学方法,认识科学探究的意义,了解科学、技术、社会,逐步树立科学的世界观,提高科学素养。

(1)科学素养和科学探究

对于科学素养含义的理解当前有很多种,如经济合作与发展组织(OECD)认为:"科学素养包括运用科学基本观点理解自然界并能做出相应决定的能力。科学素养还包括能够确认科学问题、使用证据、做出科学结论并就结论与他人进行交流的能力。"美国在著名的"2061计划"中对科学素养的建议为:熟悉自然界;尊重自然界的统一性,懂得科学、数学和技术相互依赖的一些重要方法,了解科学的一些重大概念和原理;有科学思维能力;认识到科学、数学和技术是人类共同的事业,认识它们的长处和局限性。同时,还应该能够运用科学知识和思维方法处理个人和社会问题。国际公众科学素养促进中心主任、美国芝加哥科学院副院长米勒教授建议,公众的科学素养至少应该包括三个方面内容:对科学概念和原理的理解;关于科学过程和科学方法的认识;关于科学、技术和社会的相互关系的认识。我国课程改革专家则指出,科学素养应该包含科学探究能力(过程与方法);科学知识与技能;科学态度、情感与价值观;对科学、技术与社会关系的理解四个方面。由此可见,人们关于科学素养的认识是发展和变化的,对于科学素养的含义是不断扩充和深入的。综观当前关于科学素养的研究和讨论,可以认为科学素养主要由科学知识、科学方法、科学能力、科学态度、科学精神与科学价值观等要素构成。

通过对物理课程的学习来提高学生的科学素养是物理课堂教学的主要目标,课程标准从知识与技能,过程与方法,情感、态度与价值观三个方面对提高科学素养做出了具体的要求和说明。这说明科学素养的培养除了学习科学知识,还要学习科学的方法与技能、科学的情感态度与价值观,还需要经历科学学习的探究过程。科学是以多样统一的自然界为研究对象的探究活动,它的核心是探究。科学探究体现着现代科学观,是科学家在长期探索自然规律的过程中所形成的有效的认识和实践方式,是深厚的科学方法的积淀,它体现了物理学的本质,应该成为物理教学的重要组成部分。目前,世界各国都强调科学素养的培养要以科学探究为途径,我国《国家基础教育课程改革指导纲要》指出:"新的基础教育课程体系要以科学探究为核心,突出培养学生的创新精神和实践能力,发展学生对自然和社会的责任感。"美国《国家科学课程标准》也指出:"科学教学必须让学生参与以探究为目的的研究活动,使他们与教师和同学一起相互启发相互促进。"

(2)科学探究的程序

科学探究的教育价值在于提高学生的科学素养,其核心在于通过科学探究的方式学习科学知识,掌握科学技能,体验科学过程与方法,理解科学本质,形成科学态度、情感与价值观,培养创新意识和实践能力。科学探究作为一种学习的方式,需要一定的技能和方法。我们通过以下科学家和学生探究的案例来分析科学探究的程序及探究过程中所需要的技能和方法。

示例1 科学家的探究:奥斯特发现电流的磁效应

提出问题:电和磁有联系吗?

猜想和假设,假说:丹麦物理学家奥斯特在1812年出版的《关于化学力和电力的统一的研究》一书中推测:既然电流通过较细的导线会产生热,那么通过更细的导线就可能发光,导线直径再小下去,就可能产生磁效应。

设计实验进行验证:奥斯特主张"我们应该检验的是:究竟电是否以其最隐蔽的方式对磁体有类似的作用"。他在通电的导线前面放一根磁针,企图用通电的导线吸引磁针。然而尽管导线灼热了,甚至烧红发光了,磁针也毫无动静。

1819年冬天,奥斯特产生了一个新的想法,即电流的磁效应可能不在电流流动的方向上。为了验证这个想法,他于次年春设计了几个实验,但还是没有成功。

1820年4月,奥斯特在做有关电和磁的演讲时,尝试将磁针放在导线的侧面,当他接通电源时,他发现磁针轻微地晃动了一下,他意识到这正是他多年盼望的效应。经过反复实验,奥斯特终于查明电流的磁效应是沿着围绕导线的螺旋方向。

表达与交流:奥斯特于当年7月21日发表了"关于磁针上电流碰撞的实验"的论文,指出,电流所产生的磁力既不与电流方向相同也不与之相反,而是与电流方向相垂直。此外,电流对周围磁针的影响可以透过各种非磁性物质。

评估与发展:奥斯特的发现马上轰动整个欧洲科学界。当年8月,法国物理学家阿拉果于9月11日向科学院报告奥斯特的新发现,阿拉果的报告使法国物理学界十分震惊。法国物理学家安培敏锐地感到这一发现的重要性,第二天即重复了奥斯特的实验。一周后向科学院提交第一篇论文,提出磁针转动方向与电流方向相关判定的右手定则;再一周后,安培向科学院提交第二篇论文,讨论了平行载流导线之间的相互作用问题。1820年底,安培提出著名的安培定律。

示例2 学生的探究:阳光透过树荫成像的探究

提出问题:观察阳光透过树荫产生的现象,见到许多圆形的光斑,这种光斑是从哪里来的? 也见到一些非圆形的光斑,这种光斑又是怎样形成的?

进行猜想和预测:第一,可能透光的孔近似为圆形,从而使影子的边缘近似为圆形,如果透光的孔为非圆形,那么形成的光斑也就是非圆形;第二,可能是太阳光透过小孔形成的光斑(像),孔的大小可能会影响光斑的形状。

制订计划,设计实验:学生2～3人为一组,观察阳光通过纸片上的孔在屏上所形成的光斑。

进行实验收集证据:让阳光通过纸片上各种不同形状的小孔(三角形、方形、菱形、梯形等),观察所形成的光斑。让阳光通过纸片上各种不同形状的大孔(三角形、方形、菱形、梯形等),观察所形成的光斑。

分析论证,得出结论:通过分析所收集的事实,可以归纳出小孔所形成的光斑都是圆形,与孔的形状无关;而当孔大到一定程度时,圆形消失,得到与孔形状相似的光斑。用光的直线传播原理可以解释上述结论:太阳面上的一个发光点透过小孔在屏上形成一个光点,所有的发光点都形成与自己对应的光点,从而组合成一个太阳的像。

反思评估,思维拓展:能否用其他的事实来证明上面的结论? 用蜡烛代替太阳光做小孔成像的实验,证实结论是正确的。能否根据上面的结论测出太阳的直径? 用直尺量出小孔到屏的距离l和太阳像(光斑)的直径d,已知太阳到地球的距离L为一个天文单位长度,由小孔成像的理论可以推出:

$$D = \frac{L}{l} d$$

由测量结果可以算出太阳的直径D。

表达与交流:撰写探究报告,说明结论是如何得出的,有哪些事实支持这一结论,这一结论有何应用,如可以估测太阳的大小,还可以利用小孔成像的方法来观察日食过程中的食相变化。

以上科学家的探究和学生的探究都是从问题开始,通过逻辑的分析和推理提出假设对问题进行解释,为了验证假设正确与否,需要制订计划,设计实验来进行验证。通过科学的观察和实验收集证据,然后再对证据进行分析和论证,得出结论,并通过表达与交流评估结论是否能证实假设的真伪。科学家做出的科学发现,其真理性的确认,常常表现为社会群体的活动过程,这是通过表达与交流来完成的,以此来得到社会的承认,并在不断地反思和评估过程中发现新的问题,促进科学的进一步发展。学生对于科学知识的探究结果也需要与同学或教师进行表达与交流,以达到对结果理解深化的目的。由此我们知道,学生的科学探究与科学家的科学探究在过程或程序上是一致的,学生通过这些步骤去接近真理,而科学家则通过这些步骤去发现真理。而且当前的研究也很好地总结了这一特点,如美国国家研究理事会等指出"教育中的探究与科学中的探究有相似之处",这些相似之处体现为五个基本特征,包括:一是学习者围绕科学性问题展开探究活动;二是学习者获取可以帮助他们解释和评价科学性问题的证据;三是学习者根据证据形成解释,对科学性问题做出回答;四是学习者通过比较其他可能解释,特别是那些体现出科学性理解的解释,来评价他们自己的解释;五是学习者要交流和论证他们所提出的解释。

(3)科学探究过程所需要的技能

科学探究是一种活动,在这个活动中需要进行观察、提出问题、查阅资料,对提出的问题做出猜想和假设;需要设计探究方案,根据实验证明猜想与假设,运用各种手段来收集、分析和解释数据;需要提出答案、解释和预测;需要对结果进行交流;还需要运用逻辑思维和判断思维;等等。这一切都说明进行科学探究需要掌握一定的探究技能,具备相应的探究能力。美国科学促进会分析了科学家进行科学研究工作的过程及行为,从中解析出13种探究过程所需要的技能:观察、分类、运用时空关系、预测、运用数字、测量、控制变量、推理、形成假说、下操作性定义、解释资料、沟通、进行实验。

观察。观察是一种收集证据的方法,当我们想要了解身边的物体或者现象的时候,就会运用自己的感官或借助仪器,来收集有关的证据。观察是探究过程的最基本的技能,仔细观察是任何科学家研究所必要的技能,观察不只是用眼睛看,而且还应包括下列各项:①五官观察——动用眼睛、鼻子、耳朵、舌头及手指所做视觉、嗅觉、听觉、味觉及触觉等以从事观察。②定量观察——以数量表示观察结果。③变化观察——观察两只手电分别射出的红光与蓝光在白墙上重叠部分的颜色。观察红、绿颜料混合后的颜色。④比较观察——密度的变化对浮力大小的影响。⑤使用仪器观察——微小颗粒的运动等,用望远镜观察天体。

分类。分类是整理所收集的事物或资料的一种方法。探究者把具有相同或相似特征的事物组合在一起,找到其中的共同点,如调查自然界、日常生活中的一些物质,列表归纳这些物质的相同点和不同点。根据不同物质在物理性质(形态、弹性、颜色)和用途上的差异进行分类。

运用时空关系。无论研究哪一方面的科学,都要明确说明物理意义。应用时间与空间关系能启发这一技巧,以说明空间的关系及其与时间的变化,此技巧包括对图形、对称、运动及速率变化等的研究及应用。

预测。预测是我们根据现有证据和已有的经验对事物的未来变化做出的推论,通常是根据持久而仔细的观察及精确的测量得到的结果,是预报未来观察事项的。我们周围的环境中,许多现象具有规律性及周期性的变化,因此经过仔细地观察及测量,可做未来事项的预测。预测与传达是分不开的,从观察与预测所得的相关曲线,可用内插或外推法从事预测,多数预测能加以试验。

运用数字。运用数字是指把观察所得的结果用精确的数学关系表达出来。科学家常常从事计算、测量、制图、列方程式等工作。应用数字的能力是最基本的科学过程,在有关科学实际问题的答案上及测量中均有广泛的应用,应用数学还包括求平均值的技巧。

测量。测量是科学探究活动中必须具备的技巧之一。应用测量的技巧,能够测量物体的长度、体积及其他特性,并能够由大到小顺序排列,训练使用手指间距离、脚步长度、一杯水的体积等任意所指定的单位从事测量。测量的技巧不但需要适当选择各种测量工具,而且要能从计算测量所得结果来判断什么时候可用近似测量来代替精密测量。

控制变量。在科学活动中,时常使用控制变量的过程。因为在一个研究中辨认各种有关的变量,分别给予适当的控制(操纵一个变量,固定一些变量保持不变,看看另一变量即反应的变量怎样改变)时,才能得到可靠而有再现性的结果。控制变量的技能在科学研究中至关重要,它涉及实验能否成功,能否真正揭示事物的因果关系。它包括两个方面:一是抓住要观察的对象,将其凸显出来,以便集中观察;二是减少或根本排除干扰因素,以便发现因果联系。

推理。推理是由一个或几个已知的判断推出一个新的判断的思维形式,是对观察的现象做出解释、思考和逻辑分析。推理能导致某种结果,它有时比观察本身更为有用,科学便是在不断地推理和验证中向前发展的。

形成假说。将观察的事实,做一般性的概括,或将推断做归纳性的解释,就是所谓的形成假设。假设是对所要研究的问题提出暂时性的回答,借这种回答以考察观察所得的结果,以便能直接地、清楚地判断观察结果是否支持原有的理论。而假说是一种复杂的理论思维形式,是人们以已有的理论为指导,运用科学思维,对未知的事物或事物的规律性所做的推断和假定,是一种带有推测性和假定性的理论形态。假设是认识的初级阶段,它没有构成系统的陈述;而假说是认识的高级阶段,它已具备理论的形式和内容。

下操作性定义。包括逐项说明观察或测量某一现象、事物或结构所用的操作加以描述的定义称为操作性定义。要判断某一用词的定义是不是属于操作性定义有两个标准:在此定义里,要描述需要"操作什么",也就是需要"做什么";在此定义里面,要描述需要"观察什么"。例如,自由落体运动的操作性定义可用下列方式表示。将物体放在真空装置中,从静止开始释放(你所做的),物体下落(你所观察到的)所做的运动叫作自由落体运动。

解释资料。解释资料是将各科学过程所收集的各种资料加以整理、分析并解释的过程。当学生看到报纸杂志的图表、照片或气象图时,需要有解释数据的能力。如能举例说明电磁波在日常生活中的应用;通过磁铁插入线圈时电流表指针运动的实例,说明不同运动形式之间有联系。

沟通。沟通是用文字、口头语言或者其他方式发布自己的科学探究信息,与其他人交换看法、分享信息的过程。清晰、精确而公正的沟通是任何活动都需要的,也是一切科学工作的基础。科学家、教育学家、社会学者及一般企业经常使用口头、文字、图表、数学式及各种视听媒体来传达数据沟通信息。

进行实验。实验是一种特别的收集证据的方法,它是通过认识自己"制造"的条件,收集事物如何变化的证据。实验通常有模拟实验和对比实验两种基本类型,实验是包括所有基本过程与综合过程的综合能力。实验的过程,通常先做详细的观察,由观察提出发现的问题,设法加以回答。进行实验时要先辨认变量并做适当的控制,做好操作性定义,收集及解释数据,必要时修正被实验过的假设。

以上的观察、测量、运用数字、分类、应用时空关系、沟通、预测、推理为基本过程技能;下操作性定义、形成假说、解释资料、控制变量、进行实验则为综合技能过程。有研究者认为,学生掌握了基本技能,就能逐渐掌握综合技能,直至从事复杂的科学探究。物理是一门以实验为基础的学科,从以上科学探究过程技能的特点来看,物理实验中所需要的技能和科学探究过程技能是相通的,虽然科学探究的方式有多种,但在物理教学过程中的物理实验则能将科学探究具体化。

实验前准备:针对问题,能对其可能发展的情形提出预测,规划实验步骤及装置(控制变量、下操作性定义)。

实验操作:进行操作(观察、测量、运用数字、运用时空关系、分类)。

实验结果的分析与解释:整理及分析数据(推理、解释资料),提出想法(形成假说、下操作性定义),解释数据。

(4)科学探究的能力要素

科学探究的能力有很强的综合性,科学探究活动的顺利完成是多种探究技能综合体现的结果。当前国际科学教育界倾向于把科学探究能力解析成一些要素,如美国国家研究理事会等强调科学探究"是一种复杂的学习活动",但也把科学探究能力解析成一些探究要素。我们可以将科学探究能力划分为提出问题、猜想与假设、制订计划与设计实验、进行实验与收集数据、分析与论证、评估、交流与合作七个要素。

①提出问题

"问题"是指需要解决的某种疑难情形,具体来说,就是当一个人希望达到某一个目标但又没有可提供使用的现成方法时,这个人就面临一个问题。一般来说,问题都应含有三个基本成分:一是给定。一组已知的有关问题条件的描述,即问题起始状态。二是目标。有关构成问题结论的描述,即问题要求的答案或目标状态。三是障碍。要使问题得到解决就必须通过一定的思维过程,就会遇到一定的障碍。学生提出问题的能力就是学生在学习过程中能够发现并表述他们感到疑难的情境的能力,提出问题的过程是一种思维的过程,通常需要直觉、比较、归纳、联想等思维方法为指导来发现问题、提出问题。

科学探究是从问题起步的,提出问题的前提是发现问题,要提出一个问题,首先必须对生活、自然界或学习过程进行仔细观察,认真思考,善于捕捉新的现象,明确研究对象,条件和目标;其次是进行科学思维,发挥自己的直觉、比较、归纳、联想等思维能力,提出问题;最后进行书面和口头语言表述。一个好的物理问题应当具备趣味性,能激发探究;问题的解答中应包含明显的物理概念或技巧。要求学生具有较强的问题意识,能从日常生活中发现和物理学有关的问题,能够从物理学角度正确表述这些问题,通过自己的体验,逐步形成"发现问题、提出问题"的科学意识。

②猜想与假设

猜想与假设是科学思维的一种形式,是对问题中事物的因果性、规律性做出的假定性解释,是科学研究中重要的方法,是科学探究活动最重要的特征。猜想是在观察和实验材料的基础上,根据科学原理和科学事实,通过理性思维的能动作用,对未知事实的猜测性推断。假设则是在观察和实验的基础上,根据科学原理和科学事实,通过理性思维的加工(主要是推理),尝试对未知事实做出的初步的假定性解释。

猜想与假设的过程是思维的过程,即在观察和实验的基础上,运用科学抽象思维、科学想象思维和直觉思维的方法对问题本质形成猜想,然后用合理的语言和逻辑形式表达出来,就成为具体的假设,假设可以不断地修正、补充和更新。科学抽象思维就是透过现象,深入事物的内部,抽取其本质,并且舍弃一切非本质的辩证思维过程和方法,主要包括分析与综合、抽象与概括、归纳和演绎、比较与分类、科学推理等方法。想象是一种形象思维方式,是人脑对已有表象进行加工、改造而创造新的形象的过程。人们通过想象可将抽象的思维转化为一种具体的、可感知的形象。在日常生活和科学研究中,当人们苦思某一问题时,常出现虽不确定但常常跃入意识的一种使问题得到澄清的思想,使人们对问题获得一种突如其来的领悟或理解的情况,这就是直觉。直觉是指人们运用有关知识组块和形象直感对当前问题进行敏锐地分析、推理,并能迅速发现解决问题的方向或途径的思维形式。由于直觉结果的本身只是某种揣测,它的正确性还要通过后来的研究来验证,由直觉得到的知识,还要进行逻辑的加工和整理。

猜想与假设是科学探究活动最重要的特征,它影响着问题解决中被试的反应数量和质量,它是研究自然科学的一种广泛应用的思想方法,有它的客观根据,它是科学性和假定性的辩证统一。课程标准要求学生能对解决问题的方式和问题的答案提出假设,对物理实验结果进行预测,认识到猜想与假设的重要性,以此来提高和形成创造性思维能力。

③制订计划与设计实验

猜想与假设是否正确,必须经由实验来检验,制订探究方案、设计实验就是为一定的目的(解决问题,验证假设)提供一个可行性方案,并通过实施这个方案获得一个科学结论或者对某一科学现象做出科学的解释,以达到验证假设的目的。设计实验是指实验者在实施探究性实验之前,根据一定的实验目的和要求,并根据实验者已有的经验,运用有关的科学知识和技能,对探究性实验的仪器、装置、探究步骤和方法、实验结果进行的一种规划和设想。在科学探究的过程中,对实验设计的基本要求见表5-1。

表5-1 实验设计的基本要求

名称	内容
实验名称(拟题)	是关于一个什么内容的实验
实验目的	要探究的某一事实或解决一个什么问题
实验原理	进行实验所依据的原理、科学知识等
实验材料	实验所需材料及完成该实验所必需的仪器、设备、药品等
实验方法与步骤	实验采用的方法及必需的操作程序
实验结果预测及分析	预测可能出现的实验结果(如失败则分析导致失败的原因)
实验测量与记录	对实验过程及结果进行科学的测量与准确的记录
实验结论	实验报告等形式对实验结果进行准确的描述,并给出一个科学的结论

制订计划与设计实验,就是从操作的角度把探究的猜想与假设具体化、程序化,一个科学探究活动能否顺利完成,与设计实验这一环节有着直接的联系。研究表明,设计实验是实验问题解决的重要基础,在制订计划、设计实验这一中心环节的主要任务是:选择取得证据的途径和方法,决定收集证据的范围和要求,以及所需的相关材料、仪器、设备和技术等,并制订相应的计划。其目的在于培养学生提出解决问题工作思路的能力,尝试选择实验方法及所需要的装置和器材,考虑影响探究结果的要素,确定观察或测量变量的方法。

④进行实验与收集数据

进行实验操作、收集数据的环节主要是使用有关设备和材料对所研究的物理现象进行观察、测量和操作,记录操作结果的过程。实验操作是实验实施的过程,它在很大程度上影响着实验结果,一个实验者对实验原理的理解程度、对实验条件和操作步骤的明确程度及实验技巧都决定着实验的成败。故在实验操作时应该从实验原理出发,明确实验步骤,操作要规范、安全,如调节天平时要先调底座水平,将游码拨至左端零刻线再调横梁平衡,砝码不能用手拿;用温度计时手不能握玻璃泡,要小心轻放;用光学元件时,不能用手拿住光学面;等等。实验数据是科学研究的重要依据,所以在实验操作的过程中如实地记录实验数据是至关重要的。记录实验结果和数据时首先要有明确的观察目标,掌握正确的观察方法,对现象能如实记录,对仪器的示数能正确读取。在实验的过程中要建立误差意识,知道实验中的误差存在的必然性和原因。

进行实验、收集数据在科学探究过程中起着重要的作用,课程标准要求学生能够按照实验计划进行实验操作,认真如实记录实验数据和现象。使学生了解收集证据的基本途径和方法,能用合适的方式收集用于验证假设的证据,具有重复实验和测量的意识。

⑤分析与论证

实验的数据仅是一个科学事实的记录,其所蕴含的规律和特征还需要通过分析加以揭示。实验结论是在科学分析实验数据的基础上得出的,这是一个思维的过程,即运用分析、比较、综合、归纳、演绎等科学方法对数据资料进行分析、论证,对科学现象作出解释,得出结论。分析数据、得出结论是从感性认识上升到理性认识的过程,在科学研究的过程中有着重要的地位。在学生的学习过程中,没有数据的分析和论证就无法得出规律、形成概念。分析数据首先是对实验记录的数据进行整理,然后沿着探究假设的方向来对实验数据进行比较、归类和分析,用列表法、图像法、解析法等找出数据间的关系和规律,最后通过因果分析得出结论,以判断假设的真伪。

探究的结论是在实验数据的基础上通过分析论证所得出的具有普遍意义的规律,要求学生对已有的数据和信息能进行科学的分析和解释,能找出这些证据和探究的课题之间的关系,并进行科学归纳和总结。能用不同的方法对实验事实和数据进行描述、解释并形成结论,进一步体会科学思维在实验中的重要性。

⑥评估

评估是对科学探究的活动进行反思的过程,是从严密的角度重新审视探究行为和结果的可靠性、科学性,重点培养学生的批判性思维和反思能力。科学探究的评估包括对结果与假设之间的差异性、探究方案、探究的过程与结果做进一步反思和评价。通常可以通过以下问题的思考来进行:

实验原理是否科学?是否有利于收集证据?

实验所选择的器材,是否有利于减小误差?

实验中是否严格进行了变量的控制?

实验数据是否存在个别异常数据?这些异常的数据是真实的还是错误操作引起的?

实验的结果是否与假设相符?有无与原有的知识、经验相矛盾的结论?

人们在完成某项工作或在工作到达某一阶段时应该进行反思,检查思路和具体措施,发现错误和疏漏,这是责任心的表现,也是科学探究中必不可少的环节。学生在科学探究中要检查过程、方法上是否存在问题,必要时提出改进措施;能够分析假设与探究结果间的差异,注重探究活动中未解决的矛盾,并发现新的问题,能够对探究活动进行调整、质疑和完善;能对自己和他人的探究成果进行客观的评价。

⑦交流与合作

交流是运用语言来传递信息和情感的过程,合作是一个群体互助、互动的活动方式,交流与合作是密不可分的活动方式。物理学习中的科学探究活动,通常是以小组的方式进行的,同伴的交流和互动不但有利于加深对问题的理解和认识,而且对于提高思维的灵活性和广阔性有着重要的意义。科学探究中的制订计划、操作实验、收集信息、处理数据等环节,都需要发挥探究小组的整体力量,小组成员只有具备合作精神,及时地表达自己的想法并接纳别人的想法,相互启发通力合作,才能使这些科学探究顺利完成并得到优化。

学生在探究活动中要认真做好观察和实验结果的记录与分析,运用口头、书面、绘画、图表、数学公式等多种方式交流探究过程和结果;要营造学生之间相互尊重、相互信任的氛围,培养学生提出论据、回答质疑的能力;鼓励学生进行开放性的讨论,对彼此的科学解释提出批评和质疑;要引导学生学会放弃错误的观点,接受更合理的科学解释。

如果将探究的要素分解来看的话,任何一节课都能渗透探究的元素和理念,特别是科学的思维方法是每一节物理课都着力渗透和体现的。从这个意义上来说,科学探究虽然强调其独特的活动过程,但其所蕴含的方法和思想却是物理教学的根本。这或许也是课程标准制定者将科学探究归入内容标准的用意所在。

(5)物理实验中的科学探究

科学探究应渗透在教材和教学过程的各个部分,引导学生尝试应用科学探究的方法研究物理问题,验证物理规律。将科学探究列入内容标准,旨在将学习重心从过分强调知识的传承和积累向知识获取过程转化,从学生被动接受知识向主动获取知识转化,从而培养学生的科学探究能力、实事求是的科学态度和敢于创新的探索精神。

虽然科学探究的实践方式有很多,不同的学科有着不同的特点和实施科学探究的方式,但在物理学科教学中实现科学探究的最有效的途径则是实验,实验教学在落实科学探究的思想和方法、培养学生的探究能力方面具有明显的优势。物理课程教科书对于科学探究的落实都是以实验为载体进行设计的,从总体上来看,科学探究主要目的是使学生通过实验学习探究的方法、掌握探究的技能,内容的安排上遵循循序渐进的原则,引导学生逐渐形成科学探究的能力。

在传统的实验教学中,基本的途径是实验原理—实验步骤—实验操作—实验结论—实验报告,这本身是一个较为完整的实验流程,但是因为所有的内容包括原理、步骤等都是已知的,实验的基本功能更多的是模仿和操作,教学中忽视了实验所蕴含的丰富的教育功能,忽视了实验对于学生思维能力的培养。虽然物理实验的种类较多,如验证性实验、探究性实验、测量性实验等,但为了让学生亲历知识获得的过程,理性思维与实际操作相结合,就必须从问题开始,然后进行思考和操作,所以我们认为任何一种实验都能将探究的思想和方法加以渗透和融合,以达到实验教学效果的最优化。基于探究的实验教学是以科学探究的思想为指导进行实验教学,在教师指导下,学生围绕某个问题进行实验、观察现象、分析结果,从中发现或验证科学概念或原理,以获取知识、掌握方法、形成能力、养成良好的科学品质。基于探究的物理实验教学不去严格地追究科学探究的开放性和自主性,在学生没有具备完全的探究能力的前提下不主张所有的程序都由学生来完成,强调的是探究的思想和技能,侧重的是学生探究技能和实验能力的养成。基于探究的物理实验教学更重视教给学生获得科学事实和结论的过程,更加重视科学研究方法的渗透,强调科学知识的获得过程对学习的重要性。

2.演示实验与物理实验教学

在物理教学过程中,演示实验蕴含的多方面的功能并未被人们充分挖掘和利用。从学习方法论的角度看,它能够培养学生学会观察生活中的物理现象、运用实验方法以及分析物理学科的知识结构;从认知心理学的角度看,它可以通过展示矛盾、设置悬念以及引导思维促进学生认知结构转化;从学习心理学的角度看,它可以促进学生深化学习兴趣、提高动机水平;从教学论的角度看,它可以促进师生关系的发展,即促进教师转换角色,培养学生的主体能动性,以及促进教师开发演示资源,提高教师的组织引导作用。本节主要从演示实验的特点、作用及利用演示实验培养学生能力方面展开论述。

(1)演示实验的特点

演示实验因其操作方便简单、现象直观明显而在物理概念和规律的建立、物理思维的启发等方面发挥着重要的作用。随着教育不断发展,一些新的教学理念,如教导学生学会学习、学会思考、乐于学习以及自主学习等逐步渗透到各种教学手段中。物理演示实验也具有这些功能,但这些功能往往是潜在的,并没有得到充分挖掘和展示。一般情况下,教师只要通过演示实验把物理事实正确无误地呈现给学生就算是成功了,并没有再从不同层面进一步展示实验如此设计的原因,从而影响了这些潜在功能的发挥。为了能够充分发挥其潜在的功能,教师还需要从多个角度对物理演示实验进行深入的探讨。教学创新倡导物理教学要培养学生通过体验学习过程而掌握学习方法,学会收集信息、处理信息和分析概括等。这些学习方法可以在演示实验中得到进一步的培养。

演示实验是教师在课堂上为配合相关知识的教学而进行的教学实验。在进行演示实验教学时要精心选择有较强科学性和代表性的实验进行演示。一般而言,演示实验有以下特点。

趣味性。演示实验的目的之一是创设问题情境,引入新课,因此设计趣味性很强的实验,能够迅速吸引学生的注意力,引导思考。另外,在演示实验中使用学生熟悉的、日常生活中常用的器材,使学生对实验产生真实感、趣味感,容易让学生接受。例如,在讲授声音产生的原因时,可利用纸、笔帽、小鼓等生活中常见的物品演示声音的产生,同时让学生手摸自己的喉结感受说话时喉结的振动。再如,在讲授惯性时,教师可做以下的演示实验:在一个广口瓶上放一张硬纸板,然后在硬纸板上放一只鸡蛋,快速抽去硬纸板后,引导学生注意观察鸡蛋的运动情况,并向学生提问,启发学生讨论交流并分析得出惯性的概念,使学生在发现中建立正确的认知。

直观性。演示实验应有明显的效果,否则将无法发挥应有的作用,反使整堂课的教学效果受到影响。为使所有学生都能看到实验现象,有时应当将实验器材放在较高的位置上,或将仪器固定在示教板上竖起来,增加可见度。演示实验若能显示一些与学生原有观念相矛盾的现象,通常可以收到很好的教学效果。例如,教师在讲授大气压强之前,可做如下演示实验:找一个口径比鸡蛋稍小的广口瓶,然后把浸过酒精的棉花点燃,放入广口瓶中,待棉花在瓶中燃烧 1～2 min 后将煮熟的剥了壳的鸡蛋置于瓶口,引导学生注意观察鸡蛋位置的变化,分析讨论并确定大气压强的存在。这样,学生可以在新奇有趣的体验中获取新知。这正是演示实验在物理教学中无可替代的重要作用。

规范性。演示实验不仅是课堂教学中观察与分析问题的重要环节,更是学生模仿规范操作的样板,因此教师做实验时务必要保证操作程序和数据读取的规范。演示实验是为提高教学效果而进行的,教师在课前应当做好充分准备,保证较高的实验成功率。例如,"演示水的沸腾"实验,从器材的组装、酒精灯的使用、温度计的读数、观察气泡大小的变化、数据的记录、图像的绘制等,教师都要做到规范且具有示范性。这样学生在观察实验的过程中,不仅可以观察直观的实验现象与相关数据,也会学习如何规范操作实验。

(2)演示实验的作用

演示实验生动有趣,易形成悬念,它在创设问题情境,激发学生的学习兴趣,保护学生的好奇心,增强学生在学习中的积极性和主动性,引导学生追根求源和探索知识上有极其重要的作用。

首先,演示实验可以创设问题情境,激发学生的求知欲望。具体包括:①引入课题,激发学生的求知欲望。教师可选择一些生动、有趣、新奇和使学生感到意外的演示实验来引入课题,它们能够有效地激发学生的求知欲望。例如,教师在讲授摩擦力之前,可做如下演示实验:在绳子一端抹上一层黄油,然后找一个又高又壮的同学与一个又矮又瘦的同学用这根绳子进行拔河比赛,比赛的结果会大出学生的意料,由此引入摩擦力的教学。学生在新奇有趣的体验中获取了知识,这正是演示实验在物理教学中无可替代的重要作用。②创设问题情境,帮助学生建立概念和认识规律。教师常用演示实验使学生获得丰富的感性知识,形成鲜明的表象,从而为学生建立正确的概念、认识规律奠定基础。例如,讲授在液体中下沉的物体是否受到浮力时,教师可做如下演示实验:先让一个小石块沉入水中,让学生猜猜它是否受到水的浮力。再把小石块用细线系在弹簧测力计下,测出它受到的重力。然后用手托一下小石块,发现弹簧测力计示数变小。最后把小石块浸入水中,发现弹簧测力计示数也变小了。

其次,演示实验可以帮助学生学会学习。从某种意义上说,获取知识的方法比知识本身更重要。学习方法论认为,教学生学会学习是现代教育的重要特征。新的教育理念倡导物理教学要培养学生通过体验学习过程掌握学习方法,学会收集信息、处理信息和分析概括等能力。这些学习方法可以在演示实验中得到进一步的培养。具体如下:①学会观察物理现象。过去,学生比较注重在课堂上听教师讲课,从书本上获取现成的知识,而对于现实生活中的物理现象关注不够,以至于出现学习脱离现实的状况,这种学习的方法不利于对学生主动学习与创造学习能力的培养。物理学习不能离开丰富的自然现象和生活现象,学生必须学会在课堂以外从对生活现象的观察中获取信息。学习物理要贴近生活,教师在课堂上选择的演示内容方面不一定要追求精彩新奇,可以考虑利用极其常见的演示现象,让学生恍然大悟,觉得身边就蕴含着大量的物理知识,使他们意识到观察生活现象的趣味性和重要性,从而掌握通过对现实生活的观察获取知识的方法。但是,由于这些生活现象极其常见,在演示中如果不注意挖掘其中一些潜在因素,往往就会显得平淡,不能激起学生的兴趣。例如,在平面镜内容的教学中,教师往往要通过演示平面镜成像的感性特点启发学生对其成像规律进行探究,可是生活中照镜子是再平凡不过的事情了,必须寻找这些活动中学生似乎熟悉但又没有注意到的地方,否则就不能达到启发学生学会观察的效果。如果教师在课堂上改变通常的做法,让学生在一面镜子前观察自己的像,要求他由远处走近镜子,观察并思考镜子里面的像是变大变小还是不变,并根据像也在移动这一现象,思考像和人哪一个离镜子更远些。当然,如果这个时候教师立即让学生根据猜想与假设进行探究验证,则前面的启发作用发挥得还不够。此时教师就要紧接着向全班学生提问:你们平时照镜子时观察和思考过这些现象吗？这样一来,学生就会恍然大悟:我平时怎么就没有注意呢。这就启发了学生今后遇到日常现象要注意观察思考的习惯,演示实验的这种潜在的功能就潜移默化地得到发挥了。②学会运用科学研究方法。科学研究方法在物理学发展史上具有极其重要的作用,是物理学从经验走向科学的重要标志和转折点。在物理教学中,演示实验所占的比例较大。如果教师在演示教学中没有及早地向学生进行科学研究方法的渗透,学生便不能够很好地将其内化为自己的学习方法,从而只想知道已有的结论,而不愿意去实验探究,这样往往就会把实验看作额外的学习负担,甚至后来排斥动手做实验。教师利用演示作引导,介绍科学研究的一些常用方法,比如实验归纳法、科学推理法、控制变量法、理想模型法、转换法等,便于学生在分组实验或其他演示实验中自觉运用。如通过演示声音产生的实验,介绍转换法(通过纸屑的弹起说明鼓面在振动);演示多种物体发声,比较不发声与发声时物体的不同,归纳出声音产生的原因,介绍实验归纳法;演示真空不能传声,介绍科学推理法;演示压力作用效果与什么因素有关的实验,介绍控制变量法;演示磁场分布情况,介绍理想模型法等。

最后,演示实验可以促进学生认知结构的转化。学生学习知识的过程也是认知结构重新建立和转化的过程,认知心理学强调学生原有的知识经验对学习的影响,学生在课堂上往往首先倾向于将呈现的材料和现象纳入原有的认知结构,从而可能曲解新的内容。物理教学的任务之一就是要把新现象同化到学生的原有认知结构中,使其认知结构发生转化。物理演示实验教学同样具有这方面的作用,不过,若要使其能够很好地促进学生认知结构的转化,教师还必须从认知心理学的角度,通过充分展示新现象与原有知识结构之间的矛盾、设置悬念,并进行适当的思维引导等来实现。具体作用有:①展示认知矛盾。通过演示实验转化学生认知结构的第一步就是展示认知矛盾,即把新学习的现象中与学生原有知识经验明显不一致甚至有冲突的地方呈现在学生面前。这一点往往被教师在演示的时候所忽视,演示实验通常被认为只要把现象清晰直观地呈现出来就算达到目标了。实际上演示实验的任务之一就是要展示矛盾,为了顺利地展示矛盾,通常要考虑两个潜在的因素。一是学生原有的知识。那些早已为学生所熟知的知识或常识,再去重复演示,不但无法激起学生认知矛盾,还会使学生觉得太浅显乏味。例如,在牛顿第一定律实验中,先引入一个实验,用手推木块,木块前进;停止用力,木块停下来。问:力是物体运动的原因吗?然后再演示手推小车,小车开始运动;停止用力,小车在向前运动一段距离后才停下来。引导学生讨论力是物体运动的原因吗?若不是,那么物体运动的原因是什么呢?在引发学生的认知矛盾后,激起学生学习的兴趣。这样就能有意地打破他们原来的知识体系,有利于他们构建新的认知结构。二是学生原有的经验。对于能够通过原有经验做出正确判断的现象没有必要再演示,可以直接通过经验回顾的方式纳入学生的认知结构中,教师的演示要着重突出的是与他们原来经验有矛盾的潜在因素。例如,演示惯性现象,教师就没有必要模拟演示坐车时汽车突然启动时人向后倾倒的现象,应该抓住他们经验中错误或有偏差的地方进行展示。比如,将鸡蛋放在硬纸板上并突然拉动而鸡蛋掉入水杯的演示,就能够比较好地将他们关于物体运动状态与经验之间的认知矛盾呈现出来。②设置过程悬念。在认知矛盾和认知冲突的基础上,教师要适时地结合疑问,把矛盾转化为亟待解决又悬而未决的问题,即悬念问题,这是演示中所能引起的学生思维中最强烈的部分。一些看似平淡的演示实验却能够被演示得跌宕起伏,一些本来很精彩的演示实验却没有发挥其应有的功能,区别就在于悬念的设置上。比如,前面关于力与运动的关系的实验,仅仅演示现象、展示矛盾还是不能促使学生认知结构的建立和转化,教师还必须把矛盾的焦点突出出来形成悬念问题。例如,教师演示了让小车从斜面的同一高度滚下,观察在不同材料的平板上小车的运动情况,学生有可能猜想到导致小车运动状态改变的原因是阻力不同。阻力越小,小车运动距离越长,就此推理,假如没有阻力,小车将一直运动下去,做匀速直线运动,似乎找到了答案。但如果只是这样做出结论草草收场,就不能将理想化模型内化到学生的认知结构中。因为通过斜面实验学生也可以得出阻力越大,小车通过路程越短的结论,就无法进一步推理,不利于他们找出影响物体运动的原因。此时应引导学生思考力改变了物体的运动状态,如果没有阻力,物体会怎样呢,从而引导学生思考运动物体受到的阻力变小是什么情况,这样就能进行正确的推理,得出正确的结论。③引导思维方向。思维在认知结构的重新建立与转化过程中起着重要的作用。在演示中暴露在学生面前的认知冲突和悬念,还需要他们通过运用比较、归纳、概括等思维方式,获得认知结果。学生通过自己的思考建立起来的认知结果更为可靠持久。学生思维能力与思维方法的培养历来是物理教学关注的重点,现代教学理论不主张用教师的思维代替学生的思维过程,倡导应该还给学生时间,让学生参与课堂活动,亲自动脑思考。但是,由于课堂教学时间有限,完全由学生自由思考的发散式教学机会并不多,因此大部分情况下,教师要针对学生的认知矛盾和悬念进行必要的引导,这样才能利用有限的时间提高认知结构转化的效率。演示中的提问引导成了另一个有待发掘的因素。

（3）通过演示实验培养观察能力

根据《现代汉语词典》(第7版)的解释,观察的"观",是动用一切感觉器官去接受各种信息,包括耳闻、目睹、手摸、鼻嗅、舌尝。"察",就是考察,了解事物,是用脑积极思考、分析。因此观察不仅要会"观",还要会"察",才能有所收获。俄国著名的科学家门捷列夫说过:"科学的原理起源于实验的世界和观察的领域,观察是第一步,没有观察就不会有接踵而来的前进。"通过观察获取的实验现象能激发学生的兴趣,启迪学生求知的欲望,但是学生的观察能力不是自发形成的,要靠教师的引导、启发。演示实验直观具体、形象生动的教学形式符合学生的心理特点和认知规律,因而它是培养学生观察能力的主要途径之一。

一是培养观察兴趣。学习动机中最活跃的成分是兴趣,它能很好地推动学生主动地去学习知识,研究探索。在观察活动开始时,学生往往带有一种极强的好奇心,而这种好奇心正是兴趣爱好的原动力。但仅凭好奇心是远远不够的,是无法观察好物理实验活动的。教师在教学中应善于抓住学生"好奇心"这种心理特征,将学生的好奇心变为观察兴趣,进而转化为求知欲望。

为了培养学生的观察兴趣,教师应该在实验过程中多提问,在实验开始前引导学生猜想实验结果,在实验完成后引导学生思考为什么。通过观察新奇的实验现象,学生一下子来了兴趣,纷纷交流看法。这样的实验不仅能引起学生强烈的好奇心,同时培养了学生的观察兴趣,明确了观察的重要性。

二是制订观察计划。要从实验现象中获得足够的感性认识,建立概念和规律,必须有周密的观察计划。因此,在演示实验中要指导学生制订周密的观察计划,确定好观察对象,明确观察要点。

示例1:观察"水的沸腾实验"。教师指导学生制订了以下观察计划。

观察对象:水

观察要点:①水的温度变化(沸腾前和沸腾后);②水中气泡体积的变化(沸腾前和沸腾后);③水发出声音响度的变化(沸腾前和沸腾后)。

由于观察的现象较多,教师要找3位学生做助手,每人负责一项观察任务,其他学生负责记录观察的结果。由于任务明确,分工合理,实验完成后,学生经过分析、比较,迅速得到了水沸腾的特点,总结出规律。

三是教给观察方法。演示实验中,除了培养学生观察兴趣,帮助学生制订观察计划,教师还必须教给学生观察的具体方法。以下是教学实践中的几种方法。

第一,比较观察法。就是在观察中比较两种现象的区别,便于寻找规律。比如在"声音产生的原因的探究"中,比较观察物体发声时与不发声的区别,从而得出声音是由物体振动产生的。再如,观察比较不同固体熔化时的温度变化,从而得出晶体与非晶体的熔化特点。

第二,顺序观察法。对于较复杂的实验现象,要清楚先观察什么,后观察什么,即要按顺序观察。

示例2:在探究"液体的压强与哪些因素有关"实验中,设计了以下的观察顺序。

第一步,观察所使用的压强计,用手指挤压压强计金属盘上的橡皮膜,观察金属盒上的橡皮膜受到压强时"U"形管两边液面出现的高度差,压强越大,液面的高度差也越大。

第二步,将水倒入烧杯中,将压强计的金属盒放入水中,观察"U"形管两边液面是否出现高度差,判断水的内部是否存在压强。

第三步,改变橡皮膜的朝向,再观察"U"形管两边的液面,判断水是否向各个方向都有压强。

第四步,保持金属盒所在的深度不变,使橡皮膜朝上、朝下、朝各个侧面,比较同一深度,水向各个方向的压强有什么关系。

第五步,将金属盒放入不同深度,观察水的压强随深度增加怎样改变。

第六步,观察在同一深度水的压强和盐水的压强是否相同。按照一定的顺序进行观察,不仅能使复杂的现象程序化,同时也能较容易地找出规律。

第三,整体观察法。其以观察程序为先由整体到部分,再由部分到整体,即先对整体有一个初步的、一般的、粗略的认识,再分出对象的各部分,继而对这些部分细致地观察,从而对整体对象有一个正确的认识。在"探究电磁感应"的实验中,先整体观察哪几种情况下,灵敏电流计指针会发生偏转(电路中有感应电流),然后再观察电流的大小、方向与哪些因素有关。这样的观察便于从总体上认识电磁感应现象,理解"磁生电"的原因。

第四,重点观察法。即抓住事物本质的核心的关键部分或现象进行观察,培养学生观察的"选择性"。在研究牛顿第一定律实验中,学生的观察容易走偏,注重观察摩擦力大小的变化。在教学中,要引导学生重点观察运动的物体在所受阻力逐渐变小时,通过的距离有何变化。这样在观察实验的基础上,再进行推理,就能顺利得出运动的物体不受外力时将做匀速直线运动的结论。

第五,归纳观察法。归纳法是在获得许多个别事物知识的基础上,概括出事物的一般原理的方法,是从个别到一般的推理形式和思维方法。这个方法也可以被运用到物理实验观察中,即从一个个的现象观察中,先得出一个个结论,然后归纳出一般的规律,它是一种由特殊到一般的认识过程。

在研究"凸透镜成像规律"的实验中,指导学生进行如下归纳观察。包括:①观察物体成倒立缩小实像时,物距与焦距的关系;②观察物体成倒立放大实像时,物距与焦距的关系;③观察物体成正立放大虚像时,物距与焦距的关系。

让学生通过对三种成像的观察,进而进行归纳,得出凸透镜成像的规律,学生在归纳观察的过程中体验成功的喜悦。

四是提出观察要求。第一,实事求是。观察要真实,不能弄虚作假。在演示实验教学中,要求学生坚持实事求是的科学态度,如实地记录实验中观察到的各种现象和每一个数据,做到严格地把实验事实和自己对事实的解释区别开来。坚持实事求是的科学态度,是增强学生的科学素养、培养创造型人才的需要。第二,深入细致。许多自然现象和实验中的物理现象有时是稍纵即逝的,只有仔细地观察,才能随时捕捉住;只有深入地观察,才能发现细微的变化和隐蔽的特征。物理实验的观察来不得半点马虎。第三,眼脑并用。在实验观察中,要提倡眼脑并用,即把观察和思维紧密结合起来。观察是一种理性知识参与下的知觉,只有结合思维才能把握实验现象中的本质特征和必然联系,而且能根据观察到的现象发现新的问题,促进进一步的观察和对观察材料的思维加工,辨别本质现象和非本质现象,去伪存真,得出正确的观察结果。

(4)通过演示实验培养分析论证能力

分析论证是学习物理的重要方法。学习是一种内部的过程,是来自挑战个体思维的认知冲突和反应的结果。也就是说,学生的学习不是被动接受知识的过程,而是通过他们头脑中已有的知识去探索未知。在探索的过程中会遇到种种困难,需要借助分析论证,抓住物理现象中隐含的实质,建立物理概念,再通过分析实验数据的内在联系,寻找物理规律。例如,牛顿的色散实验。在牛顿之前,笛卡尔、马尔西等科学家都做了光的色散实验,但是并没有得出正确的结论。牛顿通过思考,对笛卡尔的棱镜实验进行了改进,将棱镜到光屏的距离扩展为 $6 \sim 7$ m,这样他就获得了展开的光谱,通过分析,他意识到不同颜色的光具有不同的折射能力,白光是由折射能力各不相同的色光混合而成的。为了证明自己的想法,牛顿又做了一个实验,在原有实验的基础上,在光屏中间开一条竖直的狭缝,在光屏后面又设置一个三棱镜,转动第一个三棱镜让光谱的七色光带依次透过狭缝,经过第二个三棱镜折射后,最后投射到第二个光屏上,第二个屏幕上只呈现单一的色光。牛顿并不满足,接着又设计了第三个实验,在这次实验中,牛顿用一只很大的凸透镜代替了第二个三棱镜,结果,经过第一个棱镜色散的光谱投射到凸透镜上,七色光汇聚成一束白光。通过分析,牛顿提出了光的色散的正确理论。从牛顿的色散实验可以看出,不经过一系列的分析论证,是不可能得出正确结论的。在科学探究中,分析论证不仅有助于学生将实验证据、已有的科学知识和他们所提出的解释这三者之间更紧密地联系起来,而且由于这样的过程是在学生自主质疑、推理和批判性思维活动中完成的,使学生打破了对知识的盲目迷信,增强了对自我学习的控制。学习者在有效建构新知识的同时,将获得新的观点、新的思维方法和对深层次思维结构的重组。

教给学生分析论证的方法。物理是一门深奥的学科,要学生们在探究实验中进行分析论证,确实有些勉为其难。因此在演示实验中,教师要教给学生分析论证的主要方法,使学生学会通过分析论证得出结论。

分析实验现象的主要方法①比较法。比较是确定研究对象之间差异点和共同点的思维过程和方法。通过比较可以建立物理概念、总结物理规律,利用比较可以进行鉴别和测量。比较法是物理学研究中经常应用的基本方法。例如在"探究声音产生的原因"的实验中,比较同一物体发声与停止发声的不同,物体发声时振动,停止发声物体就不振动,通过比较从而得出声音是由物体振动产生的结论。②归纳法。归纳是一种由个别到一般的抽象概括,从具体的个别事物的认识中概括出抽象的一般认识的思维方法和推论方法叫作归纳法。例如在做探究"声音的传播实验"时,通过研究声音在固体、液体、气体中能够传播,在真空中不能传播的现象,可以归纳出声音传播需要介质的结论。[①]③推理法。推理法是在实验的基础上经过概括、抽象、推理得出规律的一种研究问题的方法,但其得出的某些规律却又不能用实验直接验证,又称理想实验法。例如,在探究"声音在真空中能否传播"的实验中,通过逐渐抽出真空罩中的空气,发现手机传出的铃声越来越小。在此基础上进行推理,如果真空罩中没有空气,就会听不到声音,从而得出声音在真空中不能传播的结论。④演绎法。演绎法是从普遍性结论或一般性事理中推导出个别性结论的论证方法。在演绎论证中,普遍性结论是依据,而个别性结论是论点。演绎推理与归纳推理相反,它反映了论据与论点之间由一般到个别的逻辑关系,是形成概念、检验和发展科学理论的重要思维方法。例如气体压强概念的建立,在前面通过压力的作用效果建立起压强概念后,在研究气体压强时,运用演绎法,认识到由于气体受到重力作用而对浸在空气中的物体有压力作用,进而产生压强,再通过实验进行验证,就可建立起气体压强的概念。

①刘军山,邢红宏,苏学军等. 以能力培养为导向改革大学物理实验教学[J]. 实验技术与管理,2014(4):189-191.

分析实验数据的主要方法:①列表法。列表法就是按实际需要画出表格,然后把相关的实验数据填入表格中,比较表格中数据的特点,找出相关的规律。例如,在探究"电流与电压、电阻关系"实验中,运用控制变量法分别得出电阻不变时电流与电压的相关数据和电压不变时电流与电阻的相关数据,再通过列表法设计出符合要求的表格,然后把相关数据填入,比较数据之间的关系,归纳出结论。②图像法。图像法就是画出直角坐标系,根据实验数据的情况,设定横坐标、纵坐标表示的物理量,并标出分度值(每一小格表示的物理量的大小),把实验数据运用描点法描出一系列的点,然后用平滑的线连接起来,通过比较,归纳出结论。③数学运算法。数学运算法是指对实验数据进行加、减、乘、除等运算,寻找物理量之间的关系,进而归纳出相关规律的方法。例如,在探究"杠杆平衡条件"实验中,记录好实验数据后,教师强调不同类别的物理量不能相加减,然后让学生运用数学运算法处理每一组数据。学生通过计算,很快找出力与力臂的乘积是相等的,最后经过归纳,得出杠杆平衡条件的规律。

适时引导学生进行分析论证。在演示实验中,教师放手让学生自己进行分析论证,可能会出现两种"卡壳"情况:一是学生对实验现象该用什么方法分析不清楚;二是对实验数据不知用什么方法处理。因此在教给学生分析论证的方法后,在具体的科学探究中,仍需要教师进行适时引导,以帮助学生顺利地进行分析论证。

例如,在探究"电流与电压、电阻关系"实验中,教师可引导学生运用图像法进行分析,因为图像法比列表法更直观些。但是在绘制电流与电阻关系图像时,会发现不好判断它们是成反比的,怎么办呢?这时教师需要再引导,让学生绘制电流与电阻倒数之间的关系图像,通过电流与电阻的倒数成正比,可推理出电流与电阻成反比。

分析论证应注意的问题:一是注意灵活运用分析论证的方法。在具体分析中,可以使用一种分析方法,也可以综合运用多种方法,甚至可以用多种方法分析同一实验现象或实验数据,比较哪种方法更能直观、方便地得出结论。二是重视克服"定向"作用的影响。由于探究教学中的情景呈现往往有如下特征:其一,在呈现前有明确的问题引导,暗示情景将起的作用;其二,情景的结果往往具有验证性。由此,学生在分析论证物理规律和现象之间的因果关系时,思维过程往往并不完备,甚至会削弱对直观感觉材料的理性分析,从而导致错误。三是强调分析论证并不都是证实猜想,也有可能是修正或否定猜想。因为通过对实验现象或实验数据的分析论证,证实、修正或否定猜想是科学研究的一个基本环节。猜想向理论转化有以下几种情况:证实猜想,科学事实证明了猜想的正确性,猜想便转化为理论;修正猜想,原猜想与新的科学事实不甚吻合,需要对原猜想进行修正;否定猜想,猜想与新发现的科学事实产生矛盾,因而原猜想被否定。

(5)通过演示实验培养创造能力

演示实验直观具体、形象生动的教学形式,符合学生的心理特点和认知水平,新奇有趣的演示实验不仅能激发学生的学习兴趣,同时也能培养学生多方面的能力。本节主要从教学实践的视角,通过教学实例来谈一谈如何以演示实验为载体培养学生的创造能力。

利用演示实验,培养学生提出问题的能力。在物理实验教学中,教师要时刻注意在激发学生兴趣的基础上,加强培养学生发现、提出问题的能力,为学生提供发现、提出问题的机会和平台。比如,在引入新课时要求学生在实验过程中仔细观察,并提出问题和尝试解释原因,在经过思考后,有很多学生提出自己心中的问题并给予了简单的解释,有的学生则提出自己的疑问并向同学请教。在演示实验的过程中,教师可以不直接提出问题,而是让学生根据实验所提供的物理情境自己提出问题,同时留下足够的思考时间,使学生获得"亲自得出研究结论"的创造机会,培养了学生提出问题的能力。教师再适时地引入新课内容,这样一来,效果非常好。

利用演示实验,培养学生的观察能力。在演示实验过程中,不能让学生仅仅是看热闹,应引导学生学会观察。首先要让学生明确观察的目的,然后引导学生有计划地观察整个物理实验现象发生的过程、产生的条件和特征等。教师在演示"摩擦起电"实验时,要求学生注意观察:第一,丝绸摩擦过的玻璃棒对碎纸屑有什么作用? 第二,丝绸摩擦过的两根玻璃棒,在相互接近时会发生什么现象? 第三,把用丝绸和毛皮分别摩擦过的玻璃棒和橡胶棒靠近时,它们之间会发生什么现象? 通过观察、思考,学生不仅看到了有趣的物理现象,而且也得出了"摩擦过的物体能带电,同种电荷相斥、异种电荷相吸"等结论。对于较复杂的物理现象,还应引导学生按照一定的步骤,一步一步地仔细观察。如在"密度概念引入"的实验中,可按下面步骤引导学生观察:第一,大木块与小木块相比,质量增大,体积如何变化,质量与体积的比变化没有? 第二,大铁块与小铁块相比,质量增大,体积如何变化,质量与体积的比变化没有? 第三,半杯水与一杯水相比,质量增大,体积如何变化,质量与体积的比变化没有? 第四,同种物质的质量与体积的比有何特点,不同物质的质量与体积的比有何特点? 对上述物理现象的观察、思考,不仅成功地激发了学生的学习兴趣,满足了学生的求知欲望,同时也培养了学生的观察能力。

利用演示实验,培养学生创造思维的能力。在演示实验时,不仅要求学生注意观察,更重要的是在观察后,教师要根据学生的实际水平进行巧妙的设疑、适当的启发,进一步激发起学生的积极思维。在探究"动能与什么因素有关"实验做完并得出结论后,又提出以下两个问题来激发学生的思维:第一,如果把小车放在平板上进行实验,能否探究动能与物体质量的关系? 第二,如果实验中没有木块,能否通过小车在水平木板上移动的距离比较动能的大小? 引导学生思考并进行充分交流形成共识后,再用实验加以证实。对这些灵活多变的问题的分析、思考,不仅能使学生对所学的知识理解加深,同时也能有效地培养学生的思维能力。

改进演示实验,培养学生的创造能力。有些演示实验,实验现象可能不太明显,得出的数据差异较大,教师在此时可以引导学生分析实验的不足,然后鼓励学生去改进实验,设计更合理的方案。这样不仅能培养学生的思维能力,而且能激励学生勇敢创造。学生的分析和设计可能不够完善,但只要体现不唯书本、不唯教材、勇于批判的创造精神,教师都应给予及时的鼓励。实验的结果不是最重要的,重要的是通过实验的改进培养学生的创造意识,提高学生的创造能力。在"测定物质的密度"实验中,演示完成测定固体(石块)的密度实验后,让学生动手测量一杯盐水的密度。开始时学生沿用测固体密度的实验操作步骤进行实验,结果各组测量出的盐水的密度差异较大。经评估发现,这是由于有少量盐水仍留在烧杯内,不能全部倒入量筒内测量,所以测出的盐水体积不准,使实验产生了较大的差异。此时引导学生进行讨论:为了减小测量的误差,如何设计一个合理的实验操作步骤?在学生各抒己见,发表各自的观点后,再让学生利用身边的器材加以验证,找出各自实验设计所存在的不足之处,从而得出正确的测量方法:先用天平测量出烧杯和盐水的总质量,再将烧杯中的一部分盐水倒入量筒内测量出体积,用天平测量出烧杯内剩余的盐水的质量,这样即可有效地避免在测量盐水体积过程中所带来的实验差错。学生通过对问题进行推测和猜想,再动手实验,观察思考,分析归纳,会产生因创造而带来的成功喜悦。学生的学习兴趣会油然而生,同时创造能力也得到了提高。

给学生创设一个情景,搭建一个舞台,学生也会带来意想不到的惊喜。通过演示实验这个载体,可以让学生亲自参与实验的设计,分析评估实验的不足,改进实验的方案。总之,让学生积极参与到演示实验中来,给学生一个展示自我的平台,这样不仅能大大提高教学效率,同时也培养了学生的创造能力。

3.课外实践与物理实验教学

物理课外实验是培养学生综合能力的有效途径之一。开展大学物理课外实验教学的研究,探索新的教学方法,有助于改进现在的大学物理实验教学,还可以为物理实验课程改革探索一条新路,这是教育改革和发展的必然选择。通过教学实践,积累更多的经验教训,也可以为开展大学物理课外实验教学提供更多的参考。

(1)物理课外实验定义

物理课内实验:是在固定的课堂时间中,实验内容根据教学内容而确定,主要是为了验证某个物理规律或概念,实验原理和过程都已经给出,学生在理解的基础上,就可以轻松地完成实验。

传统的物理课外实验:是在课外某个固定时间内,部分学生进行的专题研究。这种物理课外实验教学的特点是强调学生的兴趣和个性的发展,这种方式的物理课外实验,无论是实验理论还是实验过程都比较简单明了。而且,传统的物理课外实验强调课内外实验的有机结合,学科知识与学生能力之间的相互渗透,课外实验成了课内实验的补充。

新型的大学物理课外实验,主要区别在于:实验的时间不固定,课时安排根据学生的实验探究情况而定,实验的原理和方法是未知的,需要学生自己挖掘和设计。而且,实验内容与课堂中的物理知识并没有直接的联系,实验的主要目的是培养学生的能力。[1]

(2)物理课外实验教学的特点

物理课外实验教学是物理教学的重要组成部分,具有课内实验所不具备的特点。

第一,实验器材来源广泛。大学物理课外实验的器材不能仅限于实验室中所提供的实验器材,学生在探究某个物理问题时,不可避免地会联想到自己的生活学习中常见的物品,可以通过自制实验器材而达到解决问题的目的,从而,增添大学课外实验的乐趣,激发学生的兴趣。

第二,自主性强。课外物理实验是学生独立完成的一项活动,其涉及的物理知识是学生可以学习掌握的,学生在思考问题时有方向和重点。

---

①吴锦程. 大学物理课外实验教学探索[D]. 武汉:华中师范大学,2016.

比如一些实验方案的设计与修改,实验方法的选择,实验数据的处理与分析等实验过程都需要学生自己去完成,学生在实验中具有很强的自主性。

(3)物理课外实验教学对学生发展的影响

第一,可以激发学生学习物理的兴趣。学生在学习物理的过程中,对物理已经产生一定的兴趣,物理课外实验教学可以把这种兴趣维持和发展下去,形成学习物理的动力。物理课外实验,题目往往来源于生活中常见但又往往忽略的现象,这很容易引起学生的求知欲。学生在探究和解释这些实验现象的过程中,会对抽象的物理概念和规律有进一步的认识,产生对物理实验的兴趣,进而上升为对物理学科的兴趣。

第二,可以深化学生所学的知识。物理课外实验是将物理内容与日常生活、生产进行联系,使学生明白物理内容与日常生活有千丝万缕的联系。但是,物理课外实验所涉及的知识,有可能需要学生对所学知识进行加工和延伸。所以,物理课外实验可以成为学生获取知识的途径,也可以成为课堂教学的重要补充。在实验中突破难点,消除模糊认识,使知识真正地整合到学生的认知结构中,深化所学,开拓视野。

第三,可以培养学生的实验能力和创新能力。学生在课外物理实验中,通过动手做实验,观察现象,在实验中培养自己的实验能力。物理课外实验具有开放性,学生对实验现象加以思考,改进方案,提出疑问等,可以培养学生的创新意识和创造能力。学生根据自身体验,自主实现一个物理过程,研究物理过程发展的细节,观察预期的实验现象,对培养学生学习科学方法、分析和解决问题的能力非常重要。

第四,可以培养学生自主学习的习惯;培养学生多思善问、大胆质疑的习惯;培养学生主动获取信息的习惯。

(4)开展物理课外实验教学的原则

开展大学物理课外实验教学,需要注意以下几个原则:①科学性原则。首先,题目选择要注意科学性,要考虑到学生的认知水平,选择题目不能过难,避免让学生难以找到头绪,不知所措。第二,学生对实验的表述要科学,使用物理科学语言,内容要在物理学范畴内。第三,学生进行实验的方法要科学,注重培养学生的物理科学思想。②可行性原则。首先,选择实验题目时,要考虑到学生的接受能力;其次是实验器材的限制,有些物理量不方便测量,需要购进或自制新的实验器材,所以,在探究问题时,需要明确正确实验目标和所要测量的物理量,确保实验可行,否则,会打击学生实验的积极性。③主体性原则。物理课外实验教学的主体是学生,教师要转变教育观念,不断地引导学生发现问题,鼓励学生大胆地提出自己的想法,用问题探究的教学方法引导学生学习知识。学生的创造力是我们所无法想象的,教师要充分地信任学生。教师要为学生提供充足的时间和空间,让学生能够充分地发挥想象力,自由地开展探究活动。④引导性原则。学生是物理课外实验教学的主体,但是由于学生的认知水平有限,在思考问题的时候会有局限性,无法找到问题的关键,忽略问题中所隐藏的物理知识。所以,在适当的时候,教师可以给学生一定的提示,引导学生思考问题,寻找新思路,从而使实验更具有研究性和趣味性。⑤合作性原则。在物理课外实验中,学生之间的协作与配合都是至关重要的。例如,在分析题目和设计实验方案时,需要他们集思广益,在实验过程中需要它们相互配合,相互讨论。合作是课外实验教学中必不可少的一条原则,学生相互合作交流,共同进步,让学生在实验过程中,真正感受到作为一个研究者、探索者,体验到科学的魅力和创新的欢乐。

(5)物理课外实验教学的指导

教师在物理课外实验教学中的作用是不能忽视的,问题探究式教学也离不开教师的指导,在教学中,教师应该注意以下几个方面:①明确实验目的和实验计划。首先,要明确物理课外实验的目的,课外物理实验教学目的主要是培养学生的能力,锻炼学生的思维。教师要结合实验题目的特点,认真制定计划;其次,教师要大体上了解实验的内容,能够预估学生的探究方向以及实验中可能会出现障碍的地方,做到对实验内容心中有数;最后,教师要确定教学活动的总时间,每周活动的时间,活动地点以及实验器材,保证物理课外实验教学活动的有序进行。②准备实验器材。要搞好物理课外实验,实验器材是关键因素之一,为了确保学生完成实验,教师要及时地了解学生实验的信息,发挥实验室的作用。部分器材学生可以自备,但大部分器材,需要教师的帮助,教师要合理地满足学生需求,要充分地利用学校实验室内的器材,或者教师要帮助学生采购某些材料,充足的实验器材才能确保课外实验活动的开展。个别实验仪器的使用需要教师的指导,要让学生知道如何安全地使用实验器材。在实验过程中,教师要及时发现问题,帮助学生排除障碍,为学生提供有关资料,提供更多的实验条件,让学生们尽快地探究出结果。③精心安排,让学生有收获。物理课外实验教学需要教师精心安排,活动之前对学生提出实验要求,根据题目内容所涉及的物理知识,在学生现有水平的基础上,提示学生在实验中存在着新的物理知识,鼓励学生自主学习,自主探究和验证,从而确保学生在实验活动中有所收获。④积累资料,做好记录,做好评价工作。教师在物理课外实验教学中,要善于积累资料,尽可能多地了解与题目相关的知识,为自己的工作做一个合理的规划。每次实验活动中,都要做好记录,总结经验教训,为以后的教学工作积累经验。做好总结评价工作,展示学生的探究成果,表彰表现优异的实验小组及个人。这样,物理课外实验教学的内容才能够充实起来,学生们也会更加喜爱物理课外实验。⑤及时反馈。在物理课外实验中,教师对学生的信息反馈十分重要,教师要组织学生进行小组讨论,让学生积极交流在实验中观察到的实验现象和收集到的实验数据。由于学生的认知水平有限,学生的实验数据往往不全面,导致得出错误的实验结论。因此,教师组织学生相互交流,纠正或补充他们的观点,引导他们得到正确的实验结论。在这个过程中,教师要帮助学生抓住典型材料引导学生进行分析、总结,组织学生讨论。学生在实验中的问题也要及时地反馈到教学中,及时交流,帮助学生解答疑惑,完成教学任务。

(6)物理课外实验的教学方法和实施流程

教学方法·问题探究式教学方法，是由教师提出问题，或者是教师根据相关的情境，引导学生提出问题，在教师组织和指导下，学生经历探究实验过程，获得问题的答案，学习知识的教学方法。这种教学方法的指导思想是学生在教师的指导下，发挥学生的主体性，让学生主动地发现并探究问题，掌握解决问题的方法，研究客观事物的属性，发现事物发展的起因和事物内部的联系，从中找出规律，形成自己的概念。在探究过程中，教师需要注重激发和培养学生的探究欲望与兴趣，使学生积极主动地参与到探究过程中，其主要目的是培养学生创新思维和探究能力。

教学流程：研究人员借鉴物理学术竞赛的模式和问题探究式教学方法，设计了一套完整的教学流程。物理课外实验教学共计6课时，大约需要一个月的时间。

第1课时：选择题目，提出问题，猜想假设；

第2课时：建立理论模型，设计实验方案；

第3课时：进行实验，改进实验方案；

第4课时：进一步实验探究与问题相关的因素；

第5课时：整理实验数据，总结实验结论；

第6课时：汇报展示实验结果，探讨实验优缺点，教师评价。

在实验教学过程中，应该注意以下几点：①第1课时：选择题目，提出问题，猜想假设。教师根据学生的认知水平，确定题目范围，学生根据兴趣选择题目，教师布置任务及工作要点。学生根据题目内容，对物理情境进行联想，或教师演示实验情景，可以使学生直观地认识。教师引导学生进行小组内部的讨论交流，找出题目中的关键词，提出问题，猜想可能涉及的相关因素，做出合理的假设。教师要关注学生提出的问题是否与物理学有关且有探究的价值。学生的猜想，应具有逻辑性，应尽可能多地提出多个假设，并能进行合理的分析。在这一过程中，教师发挥引导作用，保证学生的主体性，不能替代学生进行思考，要充分信任学生，给予学生思考的空间。②第2课时:建立理论模型,设计实验方案。学生根据题目中的关键词及所学知识,利用教师提供或学生自主搜索相关资源,查找相关知识。资源可以是官方网站上提供的参考文献,里面有问题的来源和相关的参考文献,也有他人的研究过程和视频,资源很丰富。小组成员通过阅读相关文献资源和观看视频,学习与实验相关的理论,建立理论模型,写出一份实验方案,交由指导教师审定,师生组织实验器材。③第3课时:进行实验,改进实验方案。学生根据实验方案开展研究,教师做好活动记录。在实验过程中,要体现出物理课外实验的合作性原则,学生合作实验,在实验中发现问题,相互交流,总结经验,改进实验方案,为下一次的实验做好准备。在这一课时中,教师可以对小组进行指导,帮助学生理清思路,明确实验方向,推进实验进程。④第4课时:进一步实验探究与问题相关的因素。根据上节课的实验经验,鼓励学生大胆地提出自己对实验的想法并进行尝试,修改实验方案,对与问题相关的其他因素进行探究。⑤第5课时:整理实验数据,总结实验结论。学生根据实验得到相关数据,学生需要运用科学的方法处理实验数据,教师要及时地对学生实验数据进行了解,要求学生进行误差分析,分析讨论,得出实验结论。⑥第6课时:汇报并展示实验结果,探讨实验优缺点。学生提交实验报告后,组织学生汇报并展示实验结果。在学生进行汇报的过程中,同学之间能够发现彼此实验中的不足和优点,共同探讨交流实验中的困难点,进一步促进学生能力的发展。同时,教师也可以组织学生用模拟辩论的形式展示小组的实验成果。最终,教师根据学生在整个物理课外实验活动中的表现,对学生进行综合评价。

(7)物理课外实验教学的评价

物理课外实验教学离不开教学评价,评价能够促进课外实验教学的开展与实施,真正使物理课外实验教学发挥它的作用。在教学评价过程中,要注意物理课外实验教学评价的原则和内容。

评价的基本原则:①过程性原则。物理课外实验,是一门偏重于学生体验的课程,要更多地关注学生在实验过程中的评价。很多题目,可能学生做得并不是很完美,但是,只要学生自主地分析实验的原理,自己设计并动手实验,正确地处理实验数据,得出相应的结论,尝试表达自己的新观点和新发现,勇于解答实验中遇到的问题,就应该给予学生积极的评价。②多元性原则。物理课外实验教学应该强调评价标准的多元性。对于学生在课外实验活动中的每一个环节给予不同形式的评价,在不同的环节对学生进行评价,也是在鼓励学生深入探究,勇于创新。③激励性原则。学生在研究过程中,不可避免地会遇到各种问题,无论学生遇到什么样的困难,在评价学生时,都应该坚持正面评价,鼓励学生再接再厉,克服困难,最终取得实验的成功。④反思性评价。评价具有教育、促进功能,引导学生反思自己的实验过程,通过交流汇报,在小组内、小组与小组之间对问题进行讨论,交流实验方法,分享研究成果,达到自我反思、改进的目的。

评价内容:教学的目的在于提高学生的能力,更应该关注学生在活动过程中的表现。大学物理课外实验教学的主要评价内容包括:学生的参与态度,合作意识以及实验完成质量。

评价学生的参与态度和合作意识,主要是对学生在实验的过程中的表现进行评价。评价学生的参与态度主要是从学生在课外实验活动中是否主动查阅资料、大胆提出自己的设想和方法,积极思考和发现问题、设计和动手实验,认真完成小组分配的任务等方面进行评价。合作意识,主要是考查学生们分组研究题目时,学生是否主动与他人相互合作,相互配合与交流。这就要求教师要观察并记录实验过程中学生的表现,及时评价。

对于实验完成质量的评价,通过评价学生的实验探究过程和实验成果,包括学生在过程中是否能够对实验题目提出创新的观点及方法,是否能够正确运用各种实验方法解决问题以及实验结论是否正确等方面进行评价。教师可以尝试小组汇报和模拟辩论的形式对学生进行考查和评价。

(8)课外实践对学生能力的培养

首先,培养学生处理实际问题的能力。学生在参加物理课外实验的过程中,处理实际问题的能力得到提高,主要体现在以下几个方面:①查阅文献的能力。学生在建立理论模型时,需要查阅与题目相关的书籍、文献。学术竞赛的官方网站会提供参考文献,其中包括部分文献和视频,学生可以通过查阅相关文献资料,了解问题的研究现状,学习新的知识,建立理论模型。②自主分析问题的能力。虽然学生通过查阅文献,对题目有了深刻的理解和认识。但是,学生设计实验方案时,还是需要从学生积累的知识出发,运用所学的知识,分析题目的物理机制,思考解决实际问题的方法。③实验研究能力。设计实验方案时,学生需要从理论出发,分析题目中的物理量,找出关键因素,确定需要具体测量的物理量。实验题目是开放性的,它们并没有标准答案,这就需要学生尝试多种实验手段,在实验过程中不断地改进实验方案。所以,学生的研究性实验能力也得到全面的锻炼与提高。④团队合作精神与交流表达能力。课外实验为学生提供了开放性实验内容,学生研究实验题目时,需要小组成员分工合作,依靠团队力量完成实验题目,学生在团队活动中,实现自身价值。以小组形式的物理课外实验教学,学生需要和小组成员们交流自己的看法和意见。而以汇报或辩论的形式展示学生实验过程和结果时,培养了学生的交流表达能力。

其次,培养学生的探究能力。具体包括:①发现与提出问题的能力。学生通过阅读题目,通过思考提出问题,要求学生提出的问题要与物理情境中的自变量、因变量相关;提出的问题要适合实验探究,需要适合现有实验条件、知识水平等进行探究,而不是一些不能或不需要进行探究的问题;提出的问题的表述要清楚明白,必须使用物理学科语言来表述,要科学清晰。②猜想与假设能力。学生提出问题后,要进行猜想和假设。学生的假设要与前面提出的问题相关性较强,要有联系;学生合理地提出假设,也就是假设的结果是合理的,要符合物理规律事实,要有一定的依据;

学生提出的假设要适合现有条件进行探究,如果不能探究,就是没有意义的假设;学生提出的假设要用物理科学语言,表述时要清楚。③实验设计能力。学生经过理论分析后,要进行实验设计。学生的实验方案要求能够对所提出的假设进行检验,要求能够验证学生的猜想与假设,要有目的性;实验方案中要求学生合理地运用科学方法,实验方案的设计表述中要正确使用控制变量法、等效替代法等科学方法;实验方案的设计要表述清楚,要将实验设计的思路表述清楚。④分析与论证能力。学生通过课外实验,得出相关结论。这里要求学生得出的结论要与之前提出的问题有联系,不能无的放矢;实验结论要根据实验数据得出,通过相应的数据证明结论的正确性,不能捏造实验数据和实验结论;实验结论要合理,要与科学实际情况相符合。⑤评估与反思能力。学生得出结论之后,要求学生对整个实验进行思考和反思。要求学生分析影响实验结果的相关因素,做出误差分析,分析讨论假设与实验结果间存在差异;要求学生反思实验存在的不足,积极总结经验教训,尝试改进实验探究方案。

最后,培养学生的创新能力。目前,国内对于大学生的创新能力指标体系的构建,是指人的创新性劳动及其成果。创新,又常常分为创新意识和创新能力两个方面。①创新意识的培养。学生研究实验题目的过程,本身就是在培养学生的创新能力。创新的动力来自学生的好奇心和求知欲。在物理实验教学过程中,教师会采取各种方式指导学生实验和学习,但是往往只关注学生的实验过程和实验知识,没有从根本上使学生产生强烈的好奇心和求知欲,学生在实验中,缺乏思考,没有创新的意识。在物理课外实验中,学生选择实验题目时,会经历一个思考的过程,会提出很多问题,做出猜想与假设,学生对实验题目产生兴趣,进一步再产生创新的意识。学生经过几个阶段的思考、实验研究,努力去寻求最佳的答案,不断地修改自己的实验方法,不断优化实验过程,对实验题目深入研究。实验条件允许的条件下,学生提出的想法能够得以实现,学生研究的欲望就会得到维持或加强,学生的创新意识也会得到提高。②创新能力的培养。根据相关的研究,学生的创新能力主要表现为三个方面,分别是创新学习能力、创新思维能力和创新技能。创新学习能力主要表现在四个方面,分别是发现问题的能力、信息检索能力、知识更新能力和标新立异的能力。它具体表现在学生是否具有好奇心和求知欲,善于捕捉信息,主动发现和提出问题,善于对信息进行加工判断,准确、迅速地找到关键信息,主动查阅相关资料,积极参与讨论交流,大胆发表意见,敢于质疑、求新、求变,经常有新的思想、观点和方法。创新思维能力,也就是创新思维,在学生的创新活动中处于核心,它包含直觉思维、逻辑思维、创新想象、批判思维和灵感思维。创新思维具体表现为对新问题能够快速地判断,善于由此及彼,由表及里,能够透过现象看本质,能从感性认识上升到理性认识。创新思维的本质特征就是突破和创新。学生在课外实验中,看待实验现象,需要明确自己的研究目标,需要看透现象的本质。学生在实验的过程中发现的各种问题,需要学生具有丰富的想象力,能够借用图表、表格、音像和符号将抽象的知识形象化,还有面对问题要敢于挑战,采用的思维角度和方法与众不同,能够提出新的理论、方法和设计,创新地利用各种实验方法来解决问题。创新技能主要是指创新成果的转化。在实验活动中,学生的创新技能表现为能够独立地发现一种新的解决问题的方法,或者是能够通过对实验探究结果的分析得出正确的结论等,主要参照学生的实验报告或汇报。

第三节　大学物理教学实施

一、翻转课堂

(一)翻转课堂理论概述

1.翻转课堂研究背景

现代科学技术的飞速发展,改变了世界,改变了人们的生活,也改变了人们的教育形式。从开始的投影仪到后来的多媒体,又到现在各种先进的,学生的学习方式正随着时代的发展而发生变化,教师的教学方式正受到科技的严峻挑战。如何根据时代的变化探索适合大学生的学习方式,是高校教师面临的挑战。

(1)现实背景

物理是一门与实际生活联系紧密的学科,由于学生的知识基础和学习能力存在差异,不同学生掌握同样学习内容所需要的时间不一样,因此教师在固定时间内以同一标准、同一速度对不同层次的学生进行授课,会导致优等生"吃不饱",后进生"吃不了"的情况,从而使物理教学存在严重的两极分化现象。同时,由于课时的限制,教师既要顾及大多数学生的需求,又要追赶课程进度,很难面面俱到。以上是导致物理难教的重要原因。并且在现有的班级授课制下,教师不可能为不同层次的学生提供个性化的辅导。学生不能及时得到教师的个性化指导,其学习中遇到的问题就会不断叠加,导致学习水平落后,时间一长,学生就对物理学习失去兴趣。这也是导致物理难学的重要原因。

(2)时代背景

当今时代,移动互联网已经覆盖了世界的诸多地方。手机、平板、笔记本等电子设备的逐渐普及,为翻转课堂的建设和学生学习提供了极大的方便。可以说,移动互联网和智能移动终端的高速发展为翻转课堂的实施提供了技术基础。以往人们如果想学习网上课程,需要在规定的时间段到专门的机房才可以学习,而很多人并不具有这种便利条件。

而今天的学生,随时随地都能接触数字化产品。他们天然地认为数字化产品是人类生活的必需品,所以信息技术专家称这些学生是数字化时代的"原住民"。因此,这些学生更适应从屏幕上而不是从书本上获取知识,或者说两者都是他们获取知识的重要渠道。

2.翻转课堂的定义

翻转课堂是根据英语"Flipped Class Model"翻译过来的术语,还可译为

"反转课堂""颠倒课堂"。对于翻转课堂概念的界定,学术界还没有统一的规定。英特尔全球教育总监布莱恩·冈萨雷斯认为:"翻转课堂是指教育者赋予学生更多的自由,把知识传授的过程放在教室外,让大家选择最适合自己的方式接受新知识;而把知识的内化过程放在教室内,以便同学之间、同学和教师之间有更多的沟通和交流。"而萨尔曼·可汗是这样描述翻转课堂的:学生在家完成知识的学习,而课堂变成教师与学生、学生与学生之间互动的场所,包括答疑解惑、知识运用等,从而达到更好的教育效果。也有一部分国外学者是从实施方面进行定义的,如"翻转课堂指通过运用现代技术,教师将常规课堂里自己讲授的内容制成教学视频,作为学生的家庭作业布置给学生,学生在家中观看并学习视频中的讲授内容。而课堂教学则贯穿师生互动,开展合作学习,解决学生观看教学视频后产生的问题,并进行进一步的知识应用和拓展,发展学生的高级思维能力等"。[①]

翻转课堂传入我国之后,我国教育学者也尝试对翻转课堂进行了解释。苏州市电化教育馆金陵认为,翻转课堂是把教师白天在教室上课,学生晚上回家做作业的教学结构颠倒过来,构建学生晚上回家学习新知识,白天在教室完成知识吸收与掌握的知识内化过程的教学结构,形成让学生在课堂上完成知识吸收与掌握内化过程、在课堂外完成知识学习的新型课堂教学结构。刘荣认为[②],翻转课堂是由教师制作学习视频,学生先在课外或家中观看视频中教师的讲解,再在课堂上针对课前学习进行面对面交流并完成作业的一种教学形态。

由此不难看出,翻转课堂是相对于当前课堂上教师讲解、学生听讲,课后学生完成作业的教学形式而言的;它是利用信息技术的便利,教师将对知识点的讲解录制成短小精悍的教学微视频,配以其他学习资料,通过学习管理平台发送给学生,学生在教师的指导和引导下先自学,完成课前

---

①刘力文. 微信支持下大学物理翻转课堂的研究与实践[D]. 苏州:苏州大学,2016.
②刘荣. 对一道物理选择题"一题多解"的深度剖析[J]. 物理教学探讨,2024(4):74-76.

练习;基于学习管理平台上的信息,教师在详细把握学情的情况下,课堂内有针对性地重点讲解,和学生一起解决疑难,完成作业。

3.翻转课堂的特征

根据以上国内外学者对翻转课堂的解释可知,翻转课堂主要具备以下特点。

(1)学生积极主动的学习状态

在翻转课堂教学模式下,学生有较为充足的时间学习课前微视频以及其他学习资料,掌握相关的知识内容,对课堂上的学习做好认知准备。认知准备做好了,对即将到来的课堂教学就容易产生积极的情绪和情感。反之,如果没有做好认知准备,就很难有积极的情感和态度。

(2)以个体指导为主的教学风格

相对于传统的课堂,在翻转课堂上,教师的教学行为发生了明显的变化,其中一个突出表现就是教师面向全班的讲解大大减少了,而面对学生小组或者个体的单独指导增多了。教师不再是"讲师和灌输者",而是学生的"教练和辅导者"。

(3)师生、生生之间的有效互动

由于教师和学生对课堂教学做了充分的准备,所以学生在课堂上的表现更为积极,或展示自己所学,或解答他人问题,或提出新的问题。师生之间的交流更为深入,也更为广泛。学生的体验更为丰富和深刻。翻转课堂将原先教师课堂上讲授的内容转移到课下,在不减少基本知识展示量的同时,增强了课堂中学生的交互性。该转变将大大提高学生对知识的理解程度。

(4)课堂教学多维目标达成

基于课前的学习,学生清楚地知道自己的问题和困惑,甚至有的学生通过课前的自学已经达到了课堂教学的目标。而在学习过程中遇到的问题,可以先和同学讨论,如果同学之间解决不了,教师可以进行单独辅导。而对于那些自学就可以达到教学目标的学生,在课堂上他们就可以有更多的机会发展高级思维,从事更具有探究性的项目学习。

(5)颠倒传统的教学过程

翻转课堂最大的特征是颠倒了传统的教学过程。传统的教学过程是先由教师在课中讲授知识,然后学生课下以完成作业的形式进行知识巩固。在传统教学过程中,知识传授过程发生在课上,知识内化过程发生在课下。而翻转课堂正好相反,课前,教师根据教学目标提供以教学视频为主的学习资源,供学生在家或在校观看,完成知识的学习,即知识讲授过程放在了课前;而在课堂上,学生就课前知识建构过程中产生的疑惑向教师或同学请教,教师给予学生针对性的指导,另外学生也可以小组讨论、协作学习等方式对知识进行深化提升,学以致用,即在课上完成知识的内化过程;课后学生则借助教师提供的学习资源进行反思和总结。总而言之,翻转课堂颠倒了传统的教学过程,重新定义了教学中各个过程的作用。

(6)创新的知识传授方式

翻转课堂教学资源最为重要的组成部分是短小精悍的教学视频。在翻转课堂教学模式中,教师课前提供以教学视频为主的学习资源让学生自学,完成知识的讲授过程。教学视频通常是针对某个特定的知识点或某个特定的主题的,视频时间保持在十几分钟。学生在观看的过程中可以暂停、回放,便于学生做笔记和思考,利于学生进行自学。学生课前观看教学视频没有时间的限制,氛围比较轻松,不必像在课堂上那样神经紧绷,担心遗漏教师讲授的知识点。用视频呈现知识点的另一个优点在于学生学习一段时间之后可以重新观看教学视频,从而达到复习巩固的目的。

根据以上分析可以看出,翻转课堂作为一种新型教学模式,实现了对传统教学模式的革新,更加符合新时代的要求,而且学生学习更具有自主性了,师生、生生之间的有效互动也更为广泛了。

4.翻转课堂的基本要素

翻转课堂的实施需要关注四个基本要素,分别是学习资源、教学活动、教学评价和支持环境。

(1)翻转课堂的学习资源

翻转课堂的有效实施需要丰富的学习资源支持,这个学习资源可以是学习任务单、微视频、电子课件、学习网站等。其中,微视频是翻转课堂最常用的学习资源,主要由各种教学视频短片构成,内容以知识点为单位,聚焦新知识讲解,在形式上强调碎片化,便于网络传播与学习。

翻转课堂的学习资源主要用于支持学生的课前自学。为了获得更好的自学效果,除了为学生提供微课资源,还可提供与其配套的课前学习单和电子课件。学生课前自主观看教学视频,完成学习任务单,完成知识的学习。学生只有课前完成了知识的学习并获得了内容,才能在课堂中更好地参与教师安排的教学活动,达到知识内化的目的,真正提高学生的学习效果。

(2)翻转课堂的教学活动

教学活动是翻转课堂教学的核心组成部分,翻转课堂的有效实施需要建立在设计良好的教学活动的基础之上。课堂教学活动涵盖了了解学生的疑问、重难点、练习巩固、课堂讨论、探究活动等多个方面,教师需要根据学科特点和学生实际情况设计合理的教学活动。精心设计的教学活动是有意义的深度学习的必备条件。

课堂活动对教师的教学能力和综合素质有较高要求。在设计教学活动之前,教师要清楚地了解学生对课前知识的掌握情况,在此基础上,教师针对学生自学时遇到的难点进行讲解,进一步巩固学生所学知识,并有针对性地对学生进行指导。

(3)翻转课堂的教学评价

翻转课堂的教学评价除了应用传统的课堂评价手段,还可以根据学生在网上观看视频的点击量进行分析和解释,从而评估学生的学业进展,预测学生的未来表现,并发现其潜在的问题。此次实施是将视频上传到学习群中,学生只需要下载一次就可以在课下长时间观看。教师利用翻转课堂网络环境收集大量学生学习过程中产生的数据,并利用分析技术对数据进行分析和解释,这样可以有效诊断学生的学习过程,评价学生的学习进展,进而评价学生的协作能力。

(4)翻转课堂的支持环境

翻转课堂的实施需要网络教学环境的支撑,翻转课堂的支撑环境主要由网络教学平台和学生学习终端组成。其中,网络教学平台要能够实现课前、课中互动,师生互动等功能,这是实现翻转课堂教学的基础环境;学习终端(电脑、手机)能够支持学生的微视频学习、网络交流、互动练习。翻转课堂的网络支持环境为师生提供了一个虚拟的学习空间,为师生开展与衔接各种课前、课中、课后活动提供基础。

(二)大学物理翻转课堂的教学分析

1.教学对象分析

了解学生是教学设计的基础,学生的思维特点、知识基础、情感等因素是翻转课堂能否顺利实施的重要因素,因此首先应对教学对象进行分析。

思维特点:大一阶段,学生处于抽象逻辑思维占主导地位的阶段,属于青年初期。思维的主要特点是由经验型的抽象逻辑思维逐步向理论型的抽象逻辑思维转化,并促进辩证逻辑思维的初步发展。在青年初期,他们已经开始试图对经验材料进行理论的概括。

知识基础:大一新生刚刚经历过高考,多年的奋斗和拼搏总算有了一个满意的结果,高中时的辛劳换来了心灵的慰藉,多年的理想变为现实。此时他们的知识储备是最充足的,授课教师一定要联系他们此时的知识储备,授课内容建立在其原有知识的基础上。

情感特点:大一新生与高中生相比,自我意识更强,总有一种自己已经长大、应该自立的成人感,不愿再受他人的支配,并且他们的自我管理能力也大幅提升,能够合理安排自己的空闲时间。同时,他们对新事物有强烈的好奇心,表现出浓厚的学习兴趣。因此,大一学生完全可以在翻转课堂进行学习。但是授课教师应当制作有趣的富有吸引力的视频激发学生自学的兴趣,尽量做到语言形象、教具直观、实验多样,在课堂教学中创设生活情境、组织有挑战性的活动,通过比较、分析、综合、归纳、演绎等方法,逐步引导学生建立抽象的物理概念,发展思维,培养学生的科学素养。

2.教学内容及策略分析

(1)教学内容分析

教学内容分析是教学设计的重要环节。明确教材编排是否适合实施翻转课堂教学模式,对研究有很大影响。大学物理课程是教育部规定的高等院校理工类专业面向低年级大学生开设的一门重要必修基础课,涵盖力学、电磁学、光学、热学以及近代物理五个部分,每个部分都包含许多物理概念,其中的概念都比较烦琐抽象,需要学生花费大量的时间去学习、去理解。但是由于大学课时比较紧张,因此,在大学物理课堂中实施翻转课堂是非常有必要的,课前学生有充足的时间反复观看教学视频进行新知识的学习,在课堂上学生可以就自己存在的疑问进行提问,这样就可以解决传统课堂中教师由于时间限制不能充分授课的问题了。

(2)教学策略分析

本部分主要结合翻转课堂教学模式的理论基础、学生的学习现状,对翻转课堂的教学实施进行策略设计。

①掌握学习教学策略

掌握学习教学策略是美国教育学家布鲁姆等人提出的,旨在将学习过程与学生的个别需要结合起来,从而让大多数学生掌握所学内容并达到预期教学目标。首先,掌握学习保持了班级群体教学形式,在群体教学的基础上进行个别化的、矫正性的帮助。在翻转课堂上,授课教师会将课前学生普遍存在的问题进行统一讲解,然后再对个别学生的问题给出个别指导,从而使绝大部分学生的问题得到解决。其次,掌握学习教学策略以目标达成为准则。只有95%以上的学生都达到单元教学目标，才能进入下一个单元。虽然在翻转课堂的实施过程中没有硬性要求必须95%的学生达到教学目标，但是在实施的过程中，课前教师会给学生足够的时间进行自学，提供充足的自学材料，从而保证学习困难的学生和能力较强的学生都能够在课前较好地习得知识。然后再通过课堂上教师的讲解以及个别化指导，就能够保证绝大多数的学生达到教学目标。最后，掌握学习教学策略将教学与评价紧密地联系起来，充分运用各种形式的评价，特别是形成性评价（在学习过程中的评价）。笔者认为，大学物理翻转课堂的评价内容应该关注学生物理学习的每一个环节：是否认真观看视频，是否完成课前学习单，是否主动提出问题，是否能完成检测题，是否积极参与小组合作等。

②支架式教学策略

支架式教学策略来源于苏联著名心理学家维果茨基的"最近发展区"理论。其指教师或其他助学者通过和学习者共同完成某项学习任务，为学习者提供某种外部支持，直到最后完全由学生独立完成任务为止。支架式教学策略主要由以下几个步骤组成：搭脚手架、进入情境、独立探索、协作学习、效果评价。

在翻转课堂中，教师先根据学生的知识基础以及教学目标制定课前学习单，这个过程相当于支架式教学策略中的搭建脚手架环节。然后授课教师录制学生课前使用的微视频，给学生营造一种问题情境，使学生进入学习的状态，这是支架式教学策略中的进入情境环节。紧接着进入独立探索阶段，学生看完视频后，完成教师在课前学习单上提出的问题。在自学过程中，如果学生产生了疑问，可以在学习群中和同学一起讨论，进而将问题解决。最后通过自主检测题对学生的学习效果进行检测。

③协作式教学策略

协作式教学策略是一种既适合教师发挥主导作用，又适合学生自主发现、自主探究的教学策略。学习者在与同伴交流的过程中逐渐形成对新知识的理解和领悟。首先,在翻转课堂的教学过程中,授课教师根据学生的学习成绩以及性格特点,将学生进行分组,这样同学之间可以取长补短,也利于学生培养发散思维。其次,在协作式学习过程中,学习的主题要具有挑战性,问题要有可争论性。在翻转课堂实施过程中,学生讨论的问题主要是学生在课下自学过程中遇到的不能自主解决的问题,是一些典型的问题,有些也可能是教师指定的超前于学生智力发展水平的问题。最后,要重视教师的主导作用,协作学习的设计和学习过程都需要教师的组织和指导。同样,在大学物理翻转课堂中,也不要忽视教师的主导作用。在课上及课下,教师都要及时关注每位学生的表现,对学生表现出的积极因素要及时反馈和鼓励。当然,在学生讨论问题的过程中,如果其离题或纠缠于枝节问题时,教师要及时加以正确引导,将其引回正轨。

3.教学过程分析

(1)课前准备

要想真正发挥翻转课堂的优势,一定要让学生在课前预习。课前准备工作分三步走。

教师的任务一:在每次上课之前,授课教师要把本次课所需学习的内容以公告的形式发到群里,并且明确提出教学要求。公告内容包括课件、教材页码、自测题、思考题、微视频。

学生的任务:其要求学生学习该部分内容,并且提问或出题。提问是针对该内容不明白的、不理解的地方提出问题。出题相对要求就比较高了,首先要把这部分内容搞懂,只有理解透彻才能出题,才能出好题。每个学生要把提问内容按照规定的格式形式发到群文件中。其要求每个学生每星期至少提一个问题或者出一道题,而且不能与其他学生雷同,以时间先后为依据。翻转课堂不仅应该体现在课堂教学活动中,而且应该延伸至课前和课后,强调学生之间的合作探究。对学有余力的学生,除了提问或出题,还应鼓励他们回答其他学生提出的问题,并且积极参与讨论。

这是一个切实可行的办法,不仅能解决课时不足的问题,而且能更好地发挥同伴教学法的优势。

教师的任务二:教师在课前把所有学生提出的问题和出的习题进行分类,归纳总结,组织课堂教学活动,准备课件。

(2)课堂教学

课堂教学是教学活动中最重要的部分。其要求教师抓住课堂有限的时间,利用学生提出的问题,有针对性地进行教学,从而提高教学质量。

首先,请一个学生讲解上一节课所学内容,主要是重点概念和定义,再请另外一名学生简要讲解这节课将要学习的内容。每次上课都会有2个学生在课堂上做汇报,每位学生的汇报时间控制在6~8 min。如果学生超时了,授课教师会根据现实情况进行处理。学生介绍完后,教师及时点评,并且就本次课内容概括总结,强调重点、难点,帮助学生理清知识体系。

其次,在讲清楚知识点的基础上,让学生做自测试题。有些自测试题看上去很简单,却能有效地检测学生的学习情况,引发学生之间的讨论。教师可以根据学生的自学情况及时对课堂教学内容进行调整。

再次,对于学生提出来的有价值的问题,请大家一起讨论。这些问题中有一些是部分学生能够回答的问题。对于这些问题,教师可以请学生作答,之后自己补充、概括、总结即可。有些是大部分学生没有思考过的问题,对于这些问题,教师可以发动大家一起讨论,寻找答案。在教学过程中,如果有些问题是学生没有发现的、没能提出来的,而实际上必须注意的,或者理解起来可能有困难的,教师应该提出来供大家讨论。

最后,剩余时间留给学生做习题,从而巩固本节课所学知识。考虑到课堂时间有限,教师要认真挑选习题,挑一些有针对性的、质量比较好的题目。

4.教学评价分析

教学评价是教学工作的重要环节,对教师改进教学、促进学生发展有重要意义。传统的"三七"方式来计算学生的学期成绩,即将平时的作业和测试作为平时成绩记入成绩册,最后按"物理总分=(平时成绩×30%)+(期末测试×70%)"计算总分。这种评价方式过分关注对学习结果的评价,忽视对学习过程的评价;过分关注对学生知识掌握程度的评价,忽视对学生的学习态度、学习能力等的评价。翻转课堂作为一种新型教学模式,如果仍以这种传统的评价标准来衡量学生的学习,显然是不合适的。因此,教师有必要设计大学物理翻转课堂的教学评价模式,使评价更好地为教师改进教学和促进学生发展服务。

大学物理翻转课堂的评价内容应该关注学生物理学习的每一个环节;评价维度应该是全面的,学生的学习态度、学习兴趣、知识掌握、能力发展都应该在教学评价中体现。

二、项目式教学

(一)"项目教学法"的定义

项目教学方法主要是指在教学过程中以项目为核心,由学生和教师一起共同完成一个教学活动项目。这种方法特别适用于职业教学当中,而项目通常是指生产一种有益于社会发展的物品,这是一种最终的生产目标任务,学生利用自己所学知识和经验,自己进行规划和组织,自己动手操作,在实际操作过程中解决所有遇到的难题,从而完成项目。当然也有些项目是比较复杂的,在项目设计和制造过程中可以排除一些其他的故障,设计一套完全可行的业务方案。用于教学的项目可大可小,可以是设计一个系统化的大的项目,也可以是小型的,如加工一个小部件,其目标是培养学生的专业技能。

(二)"项目教学法"的分类与组成

在以前的项目教学中,人们大多采用了独立的学习方法。但在现代科技飞速发展的今天,大生产的形式对职业人才教育提出了更高的要求,越来越多的工作必须以团队合作的形式进行,并且要有统一的计划、协作或分工来进行。有些情况下,一个教学项目小组中的参与者可能有着不同的专业背景,甚至是跨越大类的不同专业领域,如管理学专业和工程技术专业等,这样的好处是锻炼他们在以后的实际工作中能顺畅地与不同专业和来自不同部门岗位的同事进行合作,共同完成一个项目。

在工程技术领域里,项目相对来说更为直观,可以把绝大部分的产品的制作直接当作项目,例如:螺、格栅、扩音器、压力器等,这些常见的工具制作都可以当作好的教学项目;而有些项目不一定以实物形式来展示,例如财务会计、贸易和服务行业、软件设计等,其项目不一定要求是实物,只要具有整体特性,并能衡量成果的工作或任务都是教学项目的选择范围,例如产品的广告设计方案、商品展示和销售活动、应用与软件的开发、界面的设计等。

项目教学要求包括:第一,要有特定的教学内容与实际的应用价值。第二,能够将理论知识与实际工作有机地结合。第三,与企业营销有关联或为实际的生产经营活动。第四,学生能根据自身情况独立拟定计划并付诸实施。第五,学生已经具备足够的运用知识解决项目工作中遇到的问题的能力。第六,该项目存在一定的难度,不能过于简单,能使得学生在实施项目过程中运用新知识、新技能,获得成就感。第七,培养学生的情感、态度、价值观。第八,项目成果也可被最终活灵活现地展现出来,方便教师和同学检查完成情况,共同评价项目。

(三)"项目教学法"的实践意义

心理学对人保持记忆力方面的研究证明:当人类通过"听"来感知,能保持对某一事物的记忆,大约有20%;在感觉类型为"看"的情况下,保留率为30%;在感觉类型为"听+看"的情况下,保留率为50%;当人们是通过"亲身实践"来感受时,保持率高达90%。这也证明了研究学习的科学领域大家所推崇的学习方法:听来的忘得最快,看到的相对记得久点,做过的才能会。

只有当一个人在解决他所面临的问题时发现他具有的知识或能力不够,这时真正的有效学习才开始。也就是说,教师传递知识给学习者并不是学习的过程,学生自己构建知识的过程才是学习。学习者无法通过被动地接受信息构建能力,而要基于已经掌握的新知识主动处理与建构,这是不可取代的。这种建构主义学习更多的是主观性的、社会性的,更注重情景的转换与协作。教与学应该是同一件事情,不应该是被分开来做的事情。高校教育的目标是把学生培养成职业道德和综合素养都比较高的人才,培养成能够熟练掌握专业技能的社会人才。

(四)"项目教学法"的原则

1.项目教学法是一个相对完整的工作过程

项目教学法所选择的项目都是一个比较完备的工作流程,学生要在整个"项目"中完成任务。项目教学分为七个步骤:第一是让学生对课题理解,明确任务,收集相关数据。第二是独立制定计划和决策。第三是执行计划,在一定的时间内组织和安排进一步的研究。第四是学生们在学习过程中遇到了问题,并进行了相应的处理。第五是检验流程。因为项目通常是比较困难的,学生在此之前可能没有碰到类似情况,这就要求学生在原有基础上,通过学习新知识、新技能去解决问题。第六是以明确而具体的方式展示成果,进行结果评估。第七,教师与学生共同评估项目的工作成绩,并对学习进行监督。当然,各个步骤可以互相交叉,灵活变通,在教学过程中可以根据教学的需要进行灵活运用。

2.项目教学法注重通过完成一个项目来获取知识

其重点在于它的学习作用。学生自己组织和参加的实习是一个学习的过程,其结果并不是关键,关键是要完成整个过程。在此期间,学生们可以通过学习来提高自己的专业技能。在教学活动中,教师的角色由原来的"主导者"变为"引导者""指导者",并负责监督,目的是充分发挥学生的主人翁意识,积极学习。学生通过实施整个项目,了解所学的知识,掌握所需的技能,体验实际工作的艰辛,体验动手的快乐,学习分析问题的方法,提高问题的解决能力。

3.项目教学法要求包含教学需要的主要内容甚至全部的内容

立足于项目,将教学活动贯穿于项目的全过程。教师应根据本课程的教学要求,并结合本专业的企业岗位需要,从现实的生产实践或生活中挑选具有代表性的相关项目作为教学的主体内容,因此,一旦项目被确立,整个教学流程就会成型,学生们就可以通过自主学习来实现课程的目标。如果有必要,在教学过程中,一个大的项目可以划分为几个小项目和子任务。为了加速学生对知识的迁移应用,教师可以通过演示一个简单、典型的类似项目来讲解所要运用到的知识点;剩余的项目和任务由学生(当然也可以是工作小组)来完成,教师提供必要的指引。项目教学过程中,学生往往以小组为一个单位的形式进行学习与工作,这种合作式的学习方法,有利于培养学生的团队精神,对语言表达与沟通能力的提升有极大作用。在大项目中,一个小组负责实施自己的子项目和任务,小组成员相互促进,共同学习,共同探讨并发掘有价值的信息,并最终与其他团体,乃至整个班级分享。①

4.项目教学法学习成果评价

项目教学法对学习成果评价做出了改变,以往是以考查知识点的掌握情况为标准来衡量学生的学习成绩,目前,以项目为基础的教学方法对学生的学习成效进行评估。

根据学生完成项目的情况作为对学生学习评价的基本依据。评价又可以分三个层面来考虑。第一层面,也是最核心的一个评价工作,就是由教师来评议小组完成项目的情况;第二层面,由每个小组成员进行相互评价,重点考虑的是团队成员为该计划做出的贡献;第三个层面是学生自己的评价,根据三个层面的评价来决定他们的学业。

当然,也可以视具体的情形而定,在有条件的情况下聘请企业相关工程师来参与评价,他们经验丰富,往往能给出对实践过程最有价值的意见。

---

①谢黎伟,李良军.新时代下项目式教学法在职教本科《大学物理》(含实验)课程中的实践[J].办公自动化,2021(24):52-54.

（五）教学策略

项目教学法使学生能够在较短的时间内完成自己的项目工作。从搜集信息、设计、实施、评估等各个环节，学生能自行掌握整个流程。透过课程的学习，学员对课程有了整体理解与把握，并力求达到每个步骤的基本要求。在项目教学中，学生完成项目的过程是一种学习的过程，一般由七大步骤组成：

1.明确任务

在这一环节是教师根据学生情况，挑选项目，即学生的学习任务，通过学习，使学生能够清楚地了解自己的学习目的和需要完成的任务；明白任务后，学生搞清楚了自己到底要做什么，需要加强哪些知识，要训练哪些技能，最终自己要实现什么目标。

2.获取信息

教师为学生提供相关的参考材料，帮助学生了解有关的材料，获得必要的信息，并对所需的知识和技巧进行补充。

3.制定计划

在确定了学习任务之后，通常会分成几个小组，一起学习，并制订相应的学习方案。

4.作出决定

根据学习小组制订的计划，可以让每个人都提出自己的看法，设计初步方案，最后由小组集体探讨，选择一个最好的计划。在讨论的过程中，中学生也能学到许多东西。

5.组织实施

在项目执行过程中，教师可以在需要的时候进行示范，由学生在一旁观摩，当学生不明白的时候，可以询问，并由教师给出清晰的回答和示范；学生按照自己的想法去做，做好相关的工作，而教师则在旁边仔细观察，有必要时进行指导。学生在实施计划过程中，通过仔细研究自己所负责的分工，能高效地学习到所要用到的知识。在整个项目的实施过程中学生学习的自律性、自主性、学习效率都比传统的学习方式有巨大提升。

6.过程检查

在项目结束后,学生会按照要求梳理工作流程,对结果进行评估,当发现问题不能自己解决时,可以向教师或同学求助。

7.结果评估

在完成了前期的工作之后,学生们将会展示自己的成绩,并进行总结。教师对学生在学习中遇到的问题进行评估,对学生在制作中遇到的问题进行及时的修正。其主要目的是通过一次技能培训,让学员对自身的理论知识和技巧有新的认识,从而提高自己的能力。

从最初的项目规划,到最终的成果,再到生产一种特定的产品或一个活动成功地实施,在这个过程中,学生亲身体验自己做出产品或服务的意义,让他们感受到了成功的快乐,并激起了他们的求知欲望,使他们充满了学习的激情和兴趣。

三、混合式教学

(一)混合式教学的相关概念

混合式教学,既将在线教学和传统教学的优势结合起来的一种"线上"+"线下"的教学。通过两种教学组织形式的有机结合,可以把学习者的学习由浅到深地引向深度学习。

开展混合教学的最终目的不是去使用在线平台,不是去建设数字化的教学资源,也不是去开展花样翻新的教学活动,而是有效提升学生学习的能力。

学习和教学的基本规律中如下四条尤为关键。第一,学习是学习者主动参与的过程。第二,学习是循序渐进的经验积累过程。第三,不同类型的学习其过程和条件是不同的。第四,对于学习而言,教学就是学习的外部条件,有效的教学一定是依据学习的规律对学习者给予及时、准确的外部支持的活动。

如同前面所述,混合式教学改革没有统一的模式。但是如果要依据上面四条学习和教学的一般规律,充分发挥线上和线下两种形式教学的优势,就应该从如下三个方面去努力。

1.线上有资源,资源的建设规格要能够实现对知识的讲解

毫无疑问,对于线上资源建设,非信息技术相关学科的教师是经常存在困难的,但是这种困难并非不可克服,利用信息设备时,不需要研究特别复杂的技术,教师只要能够厘清教学思路,整合好教学资源,再录屏和讲授即可。剩下的问题不是技术问题,更多的是时间投入的问题。因为其中需要对以前的课件进行一些修改,需要进行课程知识点的分解,需要录制和编辑微视频,需要给知识点设定学习目标并开发一些配套的练习题目等等。

线上的资源是开展混合式教学的前提,混合式教学的目标之一是把传统的课堂讲授通过微视频上线的形式进行前移,给予学生充分的学习时间,尽可能让每个学生都带着较好的知识基础走进教室,从而充分保障课堂教学的质量。在课堂上教师的讲授部分仅仅针对重点、难点,或者同学们在线学习过程中反馈回来的共性问题。

2.线下有活动,活动要能够检验、巩固、转化线上知识的学习

如前所述,通过在线学习让学生基本掌握基本知识点,在线下,经过老师的查缺补漏、重点突破之后,剩下的就是通过精心设计的课堂教学活动为载体,组织学生把在线所学到的基础知识进行巩固与灵活应用。让师生之间的见面用来实现一些更加高级的教学目标,让学生有更多的机会在认知层面参与学习,而不是像以往一样特别地关注学生是否坐在教室里。

3.过程有评估,线上和线下,过程和结果都需要开展评估

无论是线上还是线下都需要给予学生及时的学习反馈,基于在线教学平台或者其他小程序开展一些在线小测试是反馈学生学习效果的重要手段。通过这些反馈,让教学的活动更加具有针对性。当然,如果把这些小

测试的结果作为过程性评价的重要依据,这些测试活动还会具有学习激励的功能。其实,学习这件事既要关注过程也要关注结果,甚至教师应该对过程给予更多的关注,毕竟扎扎实实的过程才是最可靠的评价依据。

"混合式"教学,应该具有如下几个方面的特征:①这种教学从外在表现形式上是采用"线上"和"线下"两种途径开展教学的;②"线上"的教学不是整个教学活动的辅助或者锦上添花,而是教学的必备活动;③"线下"的教学不是传统课堂教学活动的照搬,而是基于"线上"的前期学习成果而开展的更加深入的教学活动;④这种"混合"是狭义的混合,特指"线上"+"线下",不涉及教学理论、教学策略、教学方法、教学组织形式等其他内容,因为教学本身都是具有广义的"混合"特征的,在广义的角度理解"混合"没有任何意义。⑤混合式教学改革没有统一的模式,但是有统一的追求,那就是要充分发挥"线上"和"线下"两种教学的优势改造我们的传统教学,改变我们在课堂教学过程中过分使用讲授而导致学生学习主动性不高、认知参与度不足、不同学生的学习结果差异过大等问题。⑥混合式教学改革一定会重构传统课堂教学,因为这种教学把传统教学的时间和空间都进行了扩展,"教"和"学"不一定都要在同一的时间同一的地点发生,在线教学平台的核心价值就是拓展了教和学的时间和空间。综合一下上面六个方面的解释,我们对"混合式"教学概念的理解应该可以实现"共识"了。

(二)混合式教学中的在大学物理教学中的尝试和研究

根据国家与社会的需求和高校自身发展的需要,高校培养的学生应既具有丰富的理论知识,又具有自主学习能力,发现问题、分析问题、创造性解决问题的能力等。对于传统的讲授法再也不能适应和满足培养应用型人才的要求。因此,在大学物理教学中采用多种教学方法相融合来提高教学质量具有极其重要的作用。

1.讲授与多媒体相结合的方法

讲授在学生学习未知的知识过程中是必要和重要的,在大学物理教学过程中老师充分发挥传统的教学方法和多媒体教学手段的优势,精讲教学内容,突出教学的重点和突破教学难点;借助多媒体教学手段增加课堂教学的信息量,拓宽学生的知识面,把课堂上没法做的大学物理演示实验和展现的场景等通过多媒体播放,让学生身临其境,充分调动人体的视觉和听觉等多个感官,引导学生对物理概念、物理规律的理解,使学生易掌握,学得快,记得牢,从而为学生用所学的知识来解决生活、工程中的相关问题以及课后学习和内化知识打下基础。

2.提问与启发相结合的方法

提问与启发式教学在教学活动中是最常用的。它有利于搞好教与学的双边活动过程,教师在教学活动中可以及时了解学生的学习状况,便于老师适时调控教学节奏,更重要的是提高学生的思维能力。要提高学生的思维能力,首先,必须培养学生的元认知能力。在大学物理教学中结合物理规律、物理原理的应用引导学生怎样进行科学思维,教给他们思维的方法和技巧,训练学生能调控自己的思维过程,由依赖老师的启发提问,逐渐转变为能自我提高、自我启发。在大学物理教学中教师有针对性和目的性地设计物理问题,让学生体验用不同的方法解决和思考问题。在课堂上经过多次反复训练,使学生不断地积累元认知体验,元认知能力就得到较大的提高。再次,必须提高学生的元认知监控能力。元认知监控能力包括自我监视能力和自我控制能力。学生在思考问题时,往往把思维集中在问题上,而忽视了该运用什么方法去思考。在大学物理教与学中,要求学生采用自我提问法,强化对学生思维的训练和强化,获得思维成就的经历和积累经验的机会。在给学生讲授物理规律和物理原理的应用时,老师通过讲授典型的例题引导学生怎么分析、思考?激活、调动、启发学生的思维,让他们知道当遇到一个物理问题时,首先该认真仔细分析物理问题,接着思考该用哪些物理规律和物理原理来解决问题,自己问自己,通过自我提问来推动思维的发展,从而培养和提高元认知监控的能力。

3.研究性学习指导

研究性学习指导是指学生在教师的指导下,以类似科学研究的方式去获取知识和应用知识的学习方式。在大学物理实验教学过程中,针对设计性和研究性实验项目,首先,教师启发和引导学生如何进行实验的设计和研究,并给学生及时点拨与指导,修正其思路,让学生获取如何进行研究的基本知识。其次,教师指导学生做研究的具体方法,即关于如何提问、如何查资料、如何做实验、如何解决问题、如何与他人合作、如何写设计性和研究性报告等。再次,学生实际操作体验,完成学习任务,达到既定学习目标。通过多次研究性学习过程的训练和实践,学生的思维方法和思维水平、发展运用科学知识解决实际问题的能力、创造能力和实践能力都得到提高。[①]

4.治学型学习指导

在大学物理教学中,一是训练学生用所学的物理学原理和规律进行工程设计。通过训练可以培养学生应用知识解决问题的能力以及合作共事、独立钻研的治学精神。如通过磁场的学习,让学生设计一种能称重物的电磁秤;通过振动的学习,根据单摆作简谐振动的原理来测定所在地的重力加速度;通过波动的学习,设计汽车、摩托车用的管道消声器等。二是要求学生写一篇物理原理和物理规律在现代生活中应用的论文,训练和提高学生搜集资料的能力、快速阅读的能力和科学处理资料的能力,培养和提高学生理论建构能力和论文写作能力。

5."对分"课堂教学

"对分"课堂教学法是指把一部分课堂时间分配给教师讲授,一部分课堂时间分配给学生讨论。其讨论采用的是"当堂对分"和"隔堂对分"。在大学物理教学中针对部分章节教学内容采用了"隔堂对分"课堂教学,如对于狭义相对论这一章的教学,采用的是"隔堂讨论",先由老师精讲本章教学内容,学生课后独立学习这一章的内容,写出通过学习后的至少三

①王珊珊.混合式教学在大学物理课程中的实践研究[D].桂林:广西师范大学,2018.

个亮闪闪问题,三个考考你问题,三个帮帮我问题。在下一次上课时,学生分组(每6人一组)讨论,交流亮闪闪问题、考考你问题、帮帮我问题,老师巡视,共用25分钟时间。然后老师抽查各个组来总结小组讨论学习的情况,共10分钟,老师找出学生问题的共性再作点评,共10分钟。在电场和磁场的学习中采用"当堂对分",先由老师精讲本次课教学内容,然后学生分组讨论老师提出的思考题和练习题,最后老师抽查学生的学习情况后再作点评。

总之,教无定法,教学有法。教师要树立应用型人才培养的新观念和新理念,积极尝试和探究新的教学模式和教学方法,既不能盲目追风,又不能一概排斥。在教学中教师根据教育对象的情况,因材施教,精心设计课堂教学内容,采用混合式教学方法,让每个学生都能积极参与到学习、探索之中,引导学生主动和快乐学习,在自主学习中获取知识和提高能力,在学习交流中激发灵感,在问题思考中形成新的观念,在创新、创造中享受快乐和感受幸福。

(三)混合式教学在大学物理实验中的应用分析

物理实验是理工科类高等学校对学生进行科学实验基本训练的必修基础课程,同时也是本科生接受系统实验方法和实验技能训练的开端。传统授课面临着诸多问题一是任课教师太多授课要求不统一;二是学生来自不同院系班级太多管理不方便;三是实验成绩统计烦琐;四是对学生的预习效果无法准确考核评价;五是学生认知水平差异,人数较多难以做到个性化教学。

混合式学习是混合离线和在线学习、混合自定步调的学习和实时协作混合结构化与非结构化学习。混合式学习的最本质的核心就是对特定的内容和学习者用适合教学内容传输和学习者学习的技术手段来呈现与传输。线上线下相结合的混合式教学在一定程度上能够提高学生的学习效果。针对以上问题结合大学物理实验课程的操作性、实践性特点,设计了基于网络学习空间平台的混合式教学模式,以期探究该教学模式下大学物理实验教学活动带来的新变革。

1.混合式教学活动的前期准备阶段

混合式教学是指线上教学和传统教学相结合的教学范式。混合式学习强调把理论教学和技能训练有机结合把教师的教和学生的学有机统一。这样既可以充分发挥学生在学习中的主动性、积极性和创造性又能充分发挥教师在引导启发教学监控的主导作用。下面内容是对混合式教学活动开展前的准备阶段。

(1)规划总体课程安排

线上学生自主学习阶段开始前需要教师准备大量的能涵盖相应教学内容的代表性问题,线下教学要求教师要善于组织课堂活动。

(2)丰富网络学习空间教学资源

学生的学习方式如果是混合式的,那么教师的教学活动就应该做相应的改变,比如给学生提供更多的学习资源,创设更有利于学生自主学习的环境。基于教育部倡导的对课程资源,建设共建共享的理念。大学物理实验课程在网络学习空间的教学应用资源由多名教师共同创建,包括课程内容扩展、资源练习、测验题等几大类主要内容。大学物理实验课的课程内容和扩展资源的表现形式主要以实验视频仿真实训录屏,还有原理PPT文档等,而练习测验题是由具有丰富经验的教师精心设计,以测验的形式发布。

(3)设计教学模式及流程

大学物理实验课是实践性操作性较强的课程。因此采用线上线下相结合的混合式教学模式,并设计其具体教学流程如图5-1所示,该流程主要是教师在平台上传教学内容和资源,学生在线学习课程内容,在完成相应单元内容学习后,师生进行交流答疑,并进行相应章节的练习测验,通过测试成绩对知识点进行查漏补缺,从而达到强化预习知识的目的,同时教师通过平台查看学生练习测验成绩,结合每一道题的答题详情总结知识重点易错点,确定线下教学内容的重点。学生线下实验操作完成实验报告,并将实验报告上传至网络学习空间的作业栏,供教师批改或学生互评,同时开辟讨论区供学生就实验问题开展讨论,计入考评成绩。

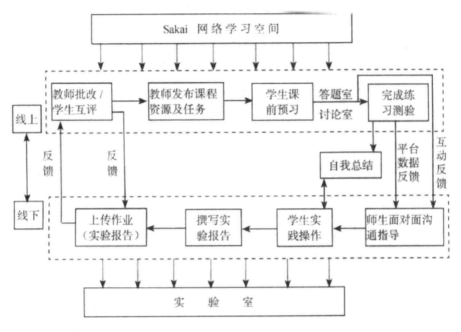

图5-1 大学物理实验混合式教学模式流程图

（4）制定考核标准

在传统教学中,大学物理实验课的考核。预习环节是凭纸质的预习报告,教师主观打分具有随意性,很难做到客观公正,成绩评价比较单一。结合教学活动预习实验、操作实验、报告互评以及讨论区参与度等环节在Sakai网络学习空间平台的成绩册功能一栏中可设置多个大项并按照权重分配分值,结合学生线上线下的主要学习活动综合考评。教师可以很方便地添加考核项目如考核测验问题讨论等使课程评价更客观公正调动学生的参与热情。

2.混合式教学活动的实施

整个教学实施过程应该始终以学生为中心,改变传统的教学模式,最大限度地调动学生自主学习的积极性,提高学生的实验技能,训练学生的创新思维方法及综合运用知识的能力。

（1）线上创建课程和班级管理

线上平台主要采用的是Sakai网络学习空间平台，任课教师建立自己的课程空间系统，自动导入该教师本学期的教学课程和相关的教学班级信息。一位教师负责创建年度第一学期必修物理实验课程，并添加课程需要的课程介绍、课程大纲、课程内容、课程信息、练习测验、作业、讨论区、答疑区、统计分析、成绩册等多形式的栏目版块，其次，将其他任课教师添加到该课程并赋予他们教师的角色，实现各个任课教师对该课程的协同管理，最后，由各个教师将其教学关系下的所有班级添加至该课程，即完成了课程的建设和学习者的添加。

（2）学生线上自主学习及测试

教师将大学物理实验课的教学内容和学习资源包括绪论在内的10个单元的资料上传至平台的实验内容、课程资源两个版块，并将对学生的预习情况进行知识前测的测验题目按照实验项目上传至练习测验。

在实验课程开始前学生可以自主选择学习时间和地点登录网络学习空间对教师即将讲授的实验课，进行自主学习在网络学习空间平台的聊天室和讨论区进行学习交流。在完成课程内容的预习后进行相对应实验的练习测验，合格后方能进行实际操作实验。

（3）教师结合学生预习前测开展线下教学

教师通过网络学习空间平台练习测验版块查看学生对知识预习的前测整体成绩、每道题的答题详情和学生在平台的互动问答内容，从而统计学生的预习效果归纳学生普遍的错误。知识点作为线下教学的重点开展个性化教学指导。

学生在网络学习空间进行知识的预习后，针对自主学习的情况更有针对性地进行线下学习，同时教师根据前测情况更有针对性地进行线下实验课的操作讲解双向，针对性开展线下教学活动更有目的性。

（4）师生共同批改实验报告

教师在网络学习空间平台的作业版块布置相关实验内容的作业，学生在线下进行实验操作并完成纸质的实验报告,将纸质实验报告拍照上传至网络学习空间平台的作业版块。采取教师批改或者学生互评的方式将作业下载评改或者在线评改打分系统自动将学习者的分数按照权值比例换算后添加至成绩册。

随着"互联网+"的教育时代发展,教师在探究教学改革过程中既要敢于尝试当下发展的新兴教学模式,也要不断地提升自己的信息技术水平和教学设计能力。只有教师自身的信息素养和教学设计能力得到真正提高后,才能结合教学内容分析学习者特征灵活设计出有针对性的教学活动,从而创新教学过程,优化教学效果。

第六章　大学物理教学评价

第一节　大学物理教学评价现状与目标

一、大学物理教学评价的现状

当下,大多数的高等院校都开设有针对各个学科的教学评价,教学评价的主体往往是教师,而在一般情况下,学生对教师的消极评价十分稀少,即使有,也是很小的一部分,这部分的评价对于教师来说,根本不能产生任何影响。很多学生本着尽量减少麻烦的原则,不指出真正存在的问题,默认全部好评。

(一)关于反馈及时性的问题

学生在课堂内外都会遇到不同的问题,如果学生积极向教师请教,教师也应做到及时答疑解惑。一个完整的教学评价机制必须保证有完整的反馈机制,才能使出现的问题及时得到解决,这也是能够让大学物理教学更完善、更积极发展的重要环节,也是设立教学评价的主要原因之一。

(二)教学评价内容单调唯一

大学物理学是理工科专业的基础学科,在学生后续的学习中起着重要的作用,所以学生必须达到教学要求的水平,教学的课堂及学生课后的学习质量是其中的关键环节,所以教学评价工作十分关键,包括大学物理在内的所有学科虽有其共性,但个性往往也不能忽视。在一些高等院校的教学评价体系中,所有学科的评价只包含教师的教学态度、板书整齐度、多媒体使用频率等,选项包括"很满意"到"极不满意"等级别。

二、大学物理教学评价的目标

大学物理课程的教学评价体系主要有两个层次的目标。分别是基本目标与优秀目标。其中的基本目标是大学物理在实际教学过程中所必须达到的一项基本要求,如果大学物理课程能够达到这个基本要求的话,就视为是合格的课程。基本目标主要包括完善的教学管理、合理的教学秩序、必备的教学条件等等。优秀目标相比于基本目标来说,它的层次较高,需要在实现了基本目标的情况下,才可以使教学改革与课程建设达到一个更高的水平。与此同时,如果大学物理课程具备了自身的亮点及特色的话,也可以申报精品课程或者是优质课程。优秀目标主要包括优良的师资结构、科学的教学方法、完善合理的教学管理制度等等。

第二节　开展大学物理教学评价需注意的问题

在明确大学物理课程教学评价目标的基础上,才能够使大学物理课程教学评价得到顺利开展。但是,为了提高评价的有效性及科学性,还需要充分注意一些问题。总结起来,需注意的问题主要包括以下几点。

一、传统知识与现代知识

一般来讲,大学物理知识的基本内容主要以经典物理学为主,经典物理学中包含了热学、电磁学、力学、光学等等。随着时代的不断进步,许多新理论与新技术开始孕育而生.大学物理教学基于这样的一个时代背景之下,就需要体现时代感,能够不断融入时代元素。所以,在开展大学物理课程教学评价时,需要有效结合传统知识与现代知识,既要继承传统,又要开拓创新。只有将传统知识与现代知识有机结合在一起,才可以做到优势互补,相互渗透。因此,对大学物理课程开展教学评价时需要注意体现传统性与现代性,既要重视传统物理思想及物理内涵,又要结合新知识与新内容。

二、传统教学与研究教学

传统教学有其自身存在的价值与意义,同时也是大学物理不断发展所取得的重大成果。因此具有无与伦比的优点,也是当前高校物理教学的主要形式。随着社会的不断进步,科技发展日新月异,研究性教学也在社会发展过程中得到了高校物理教师的充分肯定,同时其创新性的培养特点也得到了高校的不断重视。大学物理课程的教学评价需要体现传统教学与研究性教学相融合的趋势,基于传统基础上做到不断创新.不断深入研究。教师在教授大学物理课程时,需要根据教学内容与学生的实际情况来选择合适的教学方法。就像是在实施牛顿运动定律的教学过程中,由于力学属于经典物理学范畴,所以更适合于应用传统教学方法,但是,考虑到定律在非惯性参考系下的发展,则更适合采用研究性的教学方法。因此,在一堂物理课中,需要将传统教学与研究性教学有机结合在一起。这不仅能够有效推动物理教学改革,还可以促进不同教学方法之间的优势互补。

三、基本要求及提高要求

根据大学物理课程的教学结构体系,对学生提出了两个要求,分别是基本要求与提高要求。基本要求就是学生在学习物理这门课程时,需要达到一定的要求,否则学生的大学物理学习成绩便不能评为合格。提高要求则是针对学习成绩较为优异的学生而制定的,他们除了需要完成基本要求之外,还需要通过自身的努力来达到更高的目标要求。这部分学生需要深入学习与理解物理理论知识,以期能够取得更好的实际教学成效。基本要求一般是通过平时的课堂教学或者是常规课后训练来实现,而提高要求则需要基于物理知识的广度及深度上面开展,而且教学手段更为丰富多样,更易体现素质教育的本质属性。

四、理论教学与实验教学

物理课程具有理论与实验相结合的特点,因此,理论与实验成为大学物理课程中的重要组成部分。教师在具体教学大学物理课程的过程中,需要注重在教学过程中能够凸显物理实验特色.并开展丰富多彩的实验教学,这也是大学物理课程教学评价的重点内容。实验通常包含了三个方面的内容,有教师课堂演示实验、实验室模拟实验以及学生分组动手操作实验。所以在进行教学评价时,评价者需要花费较多的精力去关注有关于物理实验方面的教学内容.深入考察开展实验活动过程中,学生的实际参与情况与现实成效,从而才能取得较好的评价效果。

第三节　大学物理教学评价体系的构建

一、搭建创新型大学物理教学评价体系

(一)完善教学评价制度

在学生进行大学物理评教之前,学校应积极开设讲座,对学生进行评教前的思想教育,针对不认真的学生,可以通过限制成绩查询等方式督促学生完成评教;针对不敢认真进行评教的学生,应该强调该评价完全保护学生的个人信息,只有将监管措施做到最精,学生才能放心完成评教工作。同时,大学物理的教学评价应该采取不记名的公开评教方式,让学生真正能评出自身的真实想法。

(二)健全反馈系统

在教学评价结束之后,学校应对学生指出的问题,切实落实解决方针,针对教师的评价,应设立相关的奖惩措施,把教师的教学水平和其利益相挂钩。对于学生在教学评价结束后仍然存在的问题,学校可以建立

一套完整的后台反馈机制,可以通过微信平台、微网站、APP等方式实施,利用互联网,学生与学校之间的联系也可以更加紧密,对于学生所提出的硬件设施问题,学校也可以提上日程,尽快解决,针对一些课程时间上的不合理,学校也可以适当加以调整。

(三)特色化教学评价

《大学物理》教材分上下两册,且包含实验20多个,学校应该将理论课与实践课分开,设置特色化的教学评价,如对大学实验的评价,可以从实验的器材完善程度、误差率以及教师授课的严谨性等方面设置教学评价内容,而针对大学物理的理论课,则应该着重来评价教师在授课中的体系完整度和思维的连贯性等。

(四)多元化考虑评价主体

学生的学习能力与学习效果,除了与教师密切相关外,还与学生的自身素质、自控力、学校硬件设施,甚至课程时间安排等有着千丝万缕的关系,所以从多元化的视角来看,对于大学物理的教学评价也应该引入多元因素。教师可以从学生的课堂表现,学生的兴趣点,学生对问题的探究程度等多方面来评价学生,不能仅以考试成绩作为评价学生的手段。

二、构建多元化创新评价体系

针对构建多元化的教学评价体系来说,应该综合以上谈及的数点问题,一方面要做好学生与教师的工作,提高教学评价这件事本身的参与性,保证其有一定的参与基数,只有样本的数量足够大,其反映的事件可信度和准确度才越高。另一方面,作为教育工作者,还应该努力积极促成其从信息采集、信息处理到信息反馈等多个环节的构成,这样才能构建好多元化的创新评教体系。[1]

(一)信息采集

在信息化发展如此迅速的当下,互联网已经渗透于各行各业之中。作

---

[1]刘礼书.大学物理教学研究.延吉:延边大学出版社,2022.

为教育行业也可以突破传统,紧跟时代潮流。例如,通过线上表格生成软件可以迅速制作出方便学生随时随地填写的教学评价表;应用线上二维码生成软件,可以加速表格的传播;利用新兴媒体与互联网,学生在任何时间、地点都能进行教育教学问题的反映,这样一种跨越时间与空间的信息采集方式,让大学物理的教学评价更加高效。

(二)信息处理

大学物理的教学依然比较传统,物理实验的教学依然墨守成规,但是教学评价却可以跳出常规。信息处理泛指学校接受学生的评价,并做出反馈这一过程。这一过程可以在官网、微信平台等直观地反映出来,作为信息的处理者,可以直接将信息进行分类,免去了传统纸质评教中分类烦琐的工作。

(三)信息反馈

如果说前面两个过程是多元化创新评教的线上体系,则信息反馈为其核心的线下反馈。学生利用线上平台,其根本还是希望解决实际生活中的问题,这个问题可能是客观的,也可能是主观的。所以信息反馈的实现需要应用分级调节,从一个节点向下延伸,然后将问题具体化,再去解决。

参考文献

[1]白旭峰.大学物理教学方法探索[M].北京:中国原子能出版社,2021.

[2]高兰香,许丹华.以学生为中心的大学物理教学探索与实践[J].大学物理,2022(1):43-49,60.

[3]高兰香.大学物理有效教学的理论与实践研究[D].上海:华东师范大学,2011.

[4]李阳,毛红敏,程新利,等.大学物理课程教学质量提升措施探索[J].科技视界,2022(21):86-88.

[5]刘军山,邢红宏,苏学军等.以能力培养为导向改革大学物理实验教学[J].实验技术与管理,2014(4):189-191.

[6]刘礼书.大学物理教学研究[M].延吉:延边大学出版社,2022.

[7]刘力文.微信支持下大学物理翻转课堂的研究与实践[D].苏州:苏州大学,2016.

[8]苗劲松,张胜海,陈文博等.基于专业人才培养的大学物理教学策略与实践[J].科教文汇,2022(7):75-77.

[9]佟魁星.文化视角下的物理课程[J].人民教育,2021(21):79.

[10]王珊珊.混合式教学在大学物理课程中的实践研究[D].桂林:广西师范大学,2018.

[11]翁华,杨晓华,黄柳华.物理教学与学习兴趣培养研究[M].长春:吉林人民出版社,2020.

[12]吴锦程.大学物理课外实验教学探索[D].武汉:华中师范大学,2016.

[13]谢黎伟,李良军.新时代下项目式教学法在职教本科《大学物理》(含实验)课程中的实践[J].办公自动化,2021(24):52-54.

[14]邢磊,董占海.大学物理翻转课堂教学效果的准实验研究[J].复旦教育论坛,2015(1):24-29.

[15]杨方.大学物理教学改革与大学生创新能力培养探索实践[M].成都:西南交通大学出版社,2022.

[16]张萍,张静.传统大学物理教学的困境及成因分析[J].物理与工程,2019(1):25-30,34.

[17]张雪.基于物理学科核心素养的项目学习研究与实践[D].荆州:长江大学,2020.

图书在版编目（CIP）数据

大学物理教学研究 / 许佳玲著. -- 湘潭 ：湘潭大
学出版社，2024. 9. -- ISBN 978-7-5687-1550-8

Ⅰ．04-42

中国国家版本馆 CIP 数据核字第 2024ZN1833 号

大学物理教学研究

DAXUE WULI JIAOXUE YANJIU

许佳玲 著

责任编辑： 肖　崔
封面设计： 李　平
出版发行： 湘潭大学出版社
社　　址： 湖南省湘潭大学工程训练大楼
电　　话： 0731-58298960 0731-58298966（传真）
邮　　编： 411105
网　　址： http://press.xtu.edu.cn/
印　　刷： 长沙印通印刷有限公司
经　　销： 湖南省新华书店
开　　本： 710 mm×1000 mm 1/16
印　　张： 13.5
字　　数： 200 千字
版　　次： 2024 年 9 月第 1 版
印　　次： 2024 年 9 月第 1 次印刷
书　　号： ISBN 978-7-5687-1550-8
定　　价： 68.00 元